太阳能光伏产业——硅材料系列教材

光伏材料理化实用基础

梅 艳　叶常琼　主编
张 东　贾 曦　副主编

化学工业出版社
·北京·

本书分为光伏材料物理实用基础和光伏材料化学实用基础两篇。主要内容包括光伏材料基础、晶体结构与缺陷、杂质与缺陷能级、热平衡状态下的载流子和非平衡状态下的载流子、P-N结、原料制备、外延工艺、化学清洗与纯水的制备、硅片抛光、化学腐蚀、扩散制结、刻蚀工艺、表面钝化、丝网印刷、化学储能电池等。本书本着"应用为主，够用为度"的原则编写。

本书可作为全国高职高专太阳能光伏类相关专业的教材或教学参考用书，也可作为自学用书。

图书在版编目（CIP）数据

光伏材料理化实用基础/梅艳，叶常琼主编. —北京：化学工业出版社，2016.9（2024.2重印）
太阳能光伏产业——硅材料系列教材
ISBN 978-7-122-27611-7

Ⅰ. ①光… Ⅱ. ①梅…②叶… Ⅲ. ①光电池-物理化学性质-教材 Ⅳ. ①TM914

中国版本图书馆 CIP 数据核字（2016）第 160419 号

责任编辑：潘新文　　　　　　　　　　装帧设计：韩　飞
责任校对：王素芹

出版发行：化学工业出版社（北京市东城区青年湖南街13号　邮政编码100011）
印　　装：北京虎彩文化传播有限公司
787mm×1092mm　1/16　印张 7½　字数 167 千字　2024 年 2 月北京第 1 版第 2 次印刷

购书咨询：010-64518888　　　　　　　　售后服务：010-64518899
网　　址：http://www.cip.com.cn
凡购买本书，如有缺损质量问题，本社销售中心负责调换。

定　价：29.80元　　　　　　　　　　　　　　　　版权所有　违者必究

前言

光伏产业是国际上继IT、微电子产业后又一爆炸式发展的产业。利用太阳能光伏发电已经成为新能源利用的蓬勃发展的潮流，截至2015年年底，我国光伏发电累计装机容量达4318万千瓦，成为全球光伏发电装机容量最大的国家。光伏材料的理化性质和光电转换效率是影响光伏发电效率的重要因素之一，因此作为高职高专太阳能光伏专业类的学生，学习和了解光伏材料的理化特性具有重要意义。

光伏材料的制备及操作需要很多物理化学专业的知识，本书针对高职高专院校光伏材料技术相关专业学生的特点，本着"应用为主、够用为度"的原则编写，编写过程中尽量减少复杂繁琐的公式和理论推导，减少理论化的抽象讲解，尽量采用通俗易懂的语言讲述，深入浅出地介绍半导体材料的物理及化学基础知识和相关操作技能。

本书共分为上下两篇，分别为物理实用基础篇和化学实用基础篇，共十五个模块。上篇主要介绍了光伏材料的基本物理特性及相关应用理论，为学生后续学习专业课程打下基础；下篇主要介绍光伏材料的化学应用原理和相关化学品的特性等，为相关的操作提供理论支撑和操作安全指导，同时提高高职高专学生的在光伏材料制备操作中的安全防护意识。

本书由乐山职业技术学院梅艳、叶常琼任主编，张东、贾曦任副主编，梅艳和叶常琼负责全书主要内容的编写工作，张东、贾曦负责实训部分及思考题的编写工作，杨莉频、胡小冬、邓丰参加了本书的编写工作。

限于笔者水平和经验，书中可能存在疏漏和不足之处，敬请广大读者批评指正，以便我们今后对本书不断修改和完善。

编者

2016年5月

目录

上篇 光伏材料物理实用基础篇 / 1

模块一 光伏材料基础 ········· 2
1.1 光伏材料的分类 ········· 2
  1.1.1 硅材料 ········· 2
  1.1.2 化合物半导体薄膜材料 ········· 3
1.2 半导体材料的物理特性 ········· 4
  1.2.1 半导体材料的共性 ········· 4
  1.2.2 硅材料的特殊物理性质 ········· 4
  1.2.3 化合物半导体材料的特殊性质 ········· 5
实训一 采用四探针测试仪测量硅材料的电阻 ········· 7
思考题 ········· 8

模块二 晶体结构与缺陷 ········· 9
2.1 晶体的构造 ········· 9
  2.1.1 晶体与非晶体 ········· 9
  2.1.2 晶体的格子构造 ········· 9
  2.1.3 晶胞与14种空间结构 ········· 9
2.2 晶体的特性 ········· 11
  2.2.1 晶体的规则外形 ········· 11
  2.2.2 晶体的固定熔点 ········· 11
  2.2.3 晶体的各向异性 ········· 12
  2.2.4 晶体的解理性 ········· 13
  2.2.5 晶体的稳定性 ········· 13
2.3 典型的晶体结构 ········· 13
  2.3.1 晶体的分类 ········· 13
  2.3.2 半导体材料的典型结构 ········· 13
2.4 晶面、晶向 ········· 15
  2.4.1 晶面指数 ········· 15
  2.4.2 晶向指数 ········· 15
  2.4.3 晶面间距 ········· 15
  2.4.4 晶面夹角 ········· 15
2.5 晶体缺陷 ········· 16
  2.5.1 点缺陷 ········· 16
  2.5.2 线缺陷 ········· 17
  2.5.3 面缺陷 ········· 17
  2.5.4 体缺陷 ········· 19
实训二 采用X射线衍射法测试硅片的表面取向 ········· 19

  思考题 · · · · · · 20

模块三　杂质与缺陷能级 · · · · · · 21
3.1　能带的形成 · · · · · · 21
  3.1.1　电子的共有化 · · · · · · 21
  3.1.2　能级、能带、能隙 · · · · · · 21
  3.1.3　导体、半导体、绝缘体的能带结构 · · · · · · 22
3.2　半导体中的杂质与掺杂 · · · · · · 22
  3.2.1　半导体纯度的表示 · · · · · · 22
  3.2.2　半导体的杂质效应及影响 · · · · · · 22
  3.2.3　半导体的掺杂与型号 · · · · · · 23
  3.2.4　电子、空穴的产生 · · · · · · 24
  实训三　傅里叶红外光谱仪测试硅晶体中杂质含量 · · · · · · 24
  思考题 · · · · · · 25

模块四　热平衡状态下的载流子和非平衡状态下的载流子 · · · · · · 26
4.1　热平衡状态下的载流子 · · · · · · 26
  4.1.1　费米分布函数 · · · · · · 26
  4.1.2　状态密度 · · · · · · 27
  4.1.3　导带电子浓度和价带空穴浓度 · · · · · · 27
  4.1.4　本征半导体的载流子浓度 · · · · · · 28
  4.1.5　掺杂半导体的载流子浓度 · · · · · · 28
4.2　非平衡状态下的载流子 · · · · · · 29
  4.2.1　非平衡载流子的产生与复合 · · · · · · 29
  4.2.2　非平衡载流子的寿命 · · · · · · 30
  实训四　采用少子寿命仪测量硅片的少子寿命 · · · · · · 30
  思考题 · · · · · · 31

模块五　P-N结 · · · · · · 32
5.1　P-N结的形成 · · · · · · 32
  5.1.1　载流子的扩散运动 · · · · · · 32
  5.1.2　载流子的飘移运动 · · · · · · 32
5.2　P-N结的制备及杂质分布图 · · · · · · 33
5.3　P-N结的能带结构及接触电势 · · · · · · 33
5.4　P-N结的特性 · · · · · · 34
  5.4.1　P-N结的电流电压特性 · · · · · · 34
  5.4.2　P-N结的电容特性 · · · · · · 34
  5.4.3　P-N结的击穿效应 · · · · · · 34
  5.4.4　P-N结的光伏效应 · · · · · · 35
  思考题 · · · · · · 35

下篇　光伏材料化学实用基础篇／36

模块六　光伏材料化学特性 · · · · · · 37
6.1　硅及其重要化合物 · · · · · · 37
  6.1.1　硅 · · · · · · 37

6.1.2	二氧化硅	41
6.1.3	氮化硅	42
6.1.4	碳化硅	42
6.1.5	四氯化硅	43
6.1.6	三氯氢硅	43
6.1.7	硅酸	44
6.1.8	硅烷	44
6.1.9	锗	45

6.2 GaAs ………………………………………………………………………… 45
6.3 CdTe 薄膜材料的工艺化学原理 …………………………………………… 46
　　思考题 ……………………………………………………………………… 47

模块七　外延工艺化学原理 …………………………………………… 48

7.1 外延工艺中气相抛光原理 ………………………………………………… 48
7.2 外延生长的化学原理 ……………………………………………………… 49
7.3 氢气的纯化 ………………………………………………………………… 50
　　7.3.1 分子筛纯化氢气的原理 …………………………………………… 50
　　7.3.2 分子筛的类型和组成 ……………………………………………… 50
　　7.3.3 分子筛的特性 ……………………………………………………… 51
　　7.3.4 分子筛的再生 ……………………………………………………… 51
7.4 常用的脱水剂（干燥剂）………………………………………………… 51
7.5 脱氧剂——105 催化剂 …………………………………………………… 52
7.6 钯管的纯化原理 …………………………………………………………… 53
7.7 氢气中其他杂质的净化剂 ………………………………………………… 53

模块八　化学清洗及纯水的制备 ……………………………………… 54

8.1 化学清洗 …………………………………………………………………… 54
　　8.1.1 硅片表面沾污的杂质 ……………………………………………… 54
　　8.1.2 化学清洗的原理 …………………………………………………… 55
　　8.1.3 硅片清洗的一般步骤及注意事项 ………………………………… 60
8.2 纯水的制备 ………………………………………………………………… 60

模块九　硅片表面的化学机械抛光 …………………………………… 62

9.1 表面抛光的分类 …………………………………………………………… 62
9.2 表面抛光的原理 …………………………………………………………… 62
　　9.2.1 铬离子化学机械抛光 ……………………………………………… 62
　　9.2.2 二氧化硅胶体化学机械抛光 ……………………………………… 62

模块十　半导体材料化学腐蚀原理 …………………………………… 64

10.1 化学腐蚀的原理 …………………………………………………………… 64
　　10.1.1 半导体材料的腐蚀 ……………………………………………… 64
　　10.1.2 二氧化硅的腐蚀 ………………………………………………… 65
　　10.1.3 氮化硅的腐蚀 …………………………………………………… 66
　　10.1.4 金属的腐蚀 ……………………………………………………… 66
10.2 影响化学腐蚀的因素 ……………………………………………………… 68

模块十一　扩散制结化学原理 ………………………………………… 70

11.1 扩散基本理论 … 70
　11.1.1 扩散杂质的选择 … 70
　11.1.2 扩散原理 … 71
11.2 磷扩散化学原理 … 73
　11.2.1 液态源 … 73
　11.2.2 气态源 … 75
　11.2.3 固态源 … 75
11.3 硼扩散化学原理 … 75
　11.3.1 液态源 … 76
　11.3.2 固态源 … 77
　11.3.3 气态源 … 77

模块十二　刻蚀工艺化学原理 … 79
12.1 光刻 … 79
12.2 聚乙烯醇肉桂酸酯光刻胶 … 80
12.3 光刻工艺的化学原理 … 82
12.4 其他光致抗蚀剂的介绍 … 84

模块十三　表面钝化和镀减反射膜的化学原理 … 88
13.1 二氧化硅钝化膜 … 88
13.2 磷硅玻璃钝化膜 … 91
13.3 氮化硅钝化膜 … 92
13.4 三氧化二铝钝化膜 … 94

模块十四　丝网印刷 … 98
14.1 丝网印刷的浆料组成 … 98
14.2 丝网印刷制备电极的原理 … 99
14.3 丝网印刷化学品的防护 … 101

模块十五　化学储能电池 … 104
15.1 铅酸蓄电池 … 104
15.2 锂离子电池 … 107
15.3 镍氢电池 … 108

参考文献 … 110

上篇　光伏材料物理实用基础篇

模块一　光伏材料基础

光伏材料又称太阳能电池材料，是指能将太阳能直接转换成电能的材料，只有半导体材料具有这种功能，从理论上讲，所有的半导体材料都有光伏效应，都可以作为太阳能电池的基础材料，但是由于各种原因，并不是所有的半导体材料都能用于实际的太阳能电池。首先是材料物理性质的限制，如禁带宽度、载流子迁移率和光吸收系数等，这些物理性质使得一些材料制备的太阳能电池的理论转换效率很低，没有开发和应用价值。另一方面是材料提纯、制备方面的困难，在目前的技术条件下，并不是所有的半导体材料都能得到高纯度的提纯；还有就是材料和电池制备的成本问题，如果相关的制造成本过高，也就失去了其开发和应用的意义。

早在 19 世纪，研究者就发现了半导体的光电效应，即在太阳光的照射下，半导体材料内部会产生电动势，但直到 20 世纪 50 年代，由于锗、硅晶体管的出现，半导体的太阳能光电转换特性才开始得到应用。1954 年，单晶硅太阳能电池被开发出来，其光电转换效率达到 10% 以上，在空间飞行器上得到实际应用，随后，非晶硅、铸造多晶硅、薄膜多晶硅都陆续被作为太阳能光伏材料而得到广泛研究和应用。

1.1　光伏材料的分类

目前可用做太阳能电池材料的材料有单晶硅、多晶硅、非晶硅、GaAs、GaAlAs、InP、CdS、CdTe 等。

1.1.1　硅材料

硅在自然界中通常以化合物形态存在。20 世纪人们才发现硅具有半导体材料的性质。目前应用于太阳能电池工业领域的硅材料主要包括直拉单晶硅、薄膜非晶硅、铸造多晶硅、带状多晶硅和薄膜多晶硅。以 N 型硅半导体为底板的太阳能电池在理论上更易提高能量转换效率，衰减率也比较低，但加工工艺较复杂，成本较高。2014 年松下宣布其公司生产的 HIT 太阳能电池转换效率达 25.6%，为当时全世界最高水平。HIT 电池不但效率高，同时厚度薄，在降低成本方面具备一定潜能。

利用 PERC（钝化发射极背面接触）技术，将 SiN_x 或 Al_2O_3 在 P 型单晶硅电池背面形成钝化层作为背反射器，既增加了长波光的吸收，也能将 P-N 极间的电势差最大化，以降低电子复合，从而提升电池转化效率。单晶硅电池生产线在引入 PERC 技术后光电转换效率能提升至 20% 以上，多晶硅电池则能提升至 18.4% 以上。由于 PERC 技术的导入所需要的新增设备投资相对于背电极、HIT 等 N 型电池技术低得多，全球很多电池厂商都在加速 PERC 技术的应用。

目前叠层硅电池已成为研究的主要方向，叠层硅电池利用 MOCVD 技术，在玻璃衬底上制备绒面掺硼的 P 型纳米硅氧窗口层，使短波响应得到明显提升。

1.1.2 化合物半导体薄膜材料

在硅材料太阳能电池快速发展的同时，一系列的化合物半导体太阳能电池也迅速发展，如 GaAs、CdTe、InP、CdS、GuInS 和 GuInSe$_2$ 等太阳能电池。化合物半导体材料大多是直接禁带材料，光吸收系数较高，因此，仅需要数微米厚的材料就可以制备成高效率的太阳能电池。而且化合物半导体材料的禁带宽度一般较大，其太阳电池的抗辐射性能明显高于硅太阳电池。

(1) GaAs 半导体薄膜材料

在Ⅲ-Ⅴ族的化合物半导体材料中，GaAs、InP 及其三元化合物等都可以作为太阳电池材料，但考虑到成本、制备、材料性能等方面因素，仅 GaAs 及其三元化合物得到了较广泛的应用。目前，尽管 GaAs 系列太阳能电池的效率高、抗辐射能力强，由于其生产设备复杂，能耗大、生产周期长，导致生产成本高，难以与硅太阳能电池相比，所以仅用于部分不计成本的空间太阳电池上。

GaAs 材料的制备通常比硅材料困难，化学配比不易精准掌握。迄今为止，还很难生长无位错 GaAs 单晶，而且从自然资源来看，Ga、As 资源都远不如 Si 资源丰富。另外 GaAs 中的 As 元素及其部分化合物具有很强的毒性，而且极易挥发，容易带来一定的环境保护问题。因此 GaAs 化合物半导体材料作为太阳能电池材料的应用受到一定限制。

(2) CdTe 和 CdS 薄膜材料

CdTe 多晶薄膜的禁带宽度为 1.45eV，其太阳能电池光电转换效率高，是一种高效、稳定且低成本的薄膜材料。CdTe 太阳能电池结构简单，容易实现规模化生产。

CdS 也是一种重要的太阳能电池材料，由于 CdS 是直接带隙光电材料，间隙能带为 2.4eV 左右，其光吸收系数较高，可以和 GaAs、CuInSe$_2$ 等薄膜材料形成性能较好的异质结。

与硅太阳能电池相比，CdTe 太阳能电池的生产工艺简单、成本相对较低。虽然 CdTe 在常温下是相对稳定和无毒的，但是 Cd 和 Te 是有毒的，在实际制备 CdTe 薄膜时，并非所有的 Cd^{2+} 都会形成薄膜，有些会随着废气、废水等排出，对人、动物和环境具有很大影响。另外，地球上 Cd 和 Te 资源十分有限，原料成本较高。

(3) CuInSe$_2$ (CIS) 薄膜材料

CuInSe$_2$ (CIS) 薄膜材料是另一种重要的太阳能光电材料。这种薄膜材料的光吸收系数较大，其禁带宽度为 1.04eV，且为直接带隙材料，光电转换理论效率达到 25%～30%，而且只需要 1～2μm 厚的薄膜就可以吸收 99% 以上的太阳光，从而可以大大降低太阳能电池的成本。因此它是一种具有良好发展前景的太阳能光电材料。

在 CuInSe$_2$ 基础上发展起来的相同体系的太阳能光电材料包括 CuGaSe$_2$、CuIn$_x$Ga$_{1-x}$Se$_2$ (CIGS) 和 CuInS$_2$ 材料。CuGaSe$_2$ 是利用 Ga 替代了 CuInSe$_2$ 中的稀有元素 In。CuIn$_x$Ga$_{1-x}$Se$_2$ 则是 CuInSe$_2$ 材料中约 1%～30% 的 In 被 Ga 原子替代而形成的。而 CuInS$_2$ 则是利用无毒的 S 原子替代了有毒的 Se 原子而形成的，这三种薄膜材料各有特点，得到了研究者的关注。由于 CIS (CIGS) 薄膜材料多元晶体结构复杂，多层界面匹配困难，使得材料制备的精度要求、重复性和稳定性要求都很高，因此，材料制备的技术难度高。

1.2 半导体材料的物理特性

半导体材料是介于导体和绝缘体之间的一种材料。从理论上讲，所有的半导体材料都是太阳能光电材料，所谓太阳能光电材料，就是可以利用其光伏特性制备太阳能电池的材料。

1.2.1 半导体材料的共性

半导体材料种类繁多，包含了从单质到化合物，从无机物到有机物，从单晶体到非晶体等各种类型材料的中的一些材料，它们都具有一些相同的性质。

半导体材料的电学特性受温度、光照、掺杂的影响很大。以硅为例，温度变化20倍左右，其电阻率变化达百万倍以上，且电导率随温度升高而迅速升高，与金属材料的性质正好相反。又如硫化镉薄膜，其暗电阻为几十兆欧，然而受光照后，电阻降为几十千欧，改变了上千倍。

杂质对半导体材料导电能力的影响很大。例如纯硅在室温下的电阻率为$2.14\times10^9\Omega\cdot cm$，若掺入1%的杂质（如磷杂质），其电阻率就会降至$2000\Omega\cdot cm$。绝大多数半导体器件都是利用了半导体的这一特性。

半导体材料具有光电效应，即在光的照射下，其电阻值会发生改变，或者其内部能够产生一定方向的电动势。

半导体材料具有压阻效应，当对半导体施加应力时，其能带结构发生相应的变化，因而其电阻率（或电导率）会发生改变，这种由于应力的作用使电阻率（或电导率）发生改变的现象称为压阻效应。

半导体在磁场中会产生霍尔效应、磁阻效应。半导体具有热电效应，其温差电动势比金属大得多，且热能与电能的转换效率也较高。

1.2.2 硅材料的特殊物理性质

（1）硅的部分物理性质

硅在元素周期表中处于第三周期第四族，是第十四号元素。硅原子的最外电子层按$3S^2 3P^2$排列，因此与其他元素化合时特征价态为4价。在常温下固态的硅以无定形和结晶形两种形态存在，无定形硅的原子呈不规则排列；晶体硅显银灰色，有金属光泽，硬而脆，具有金刚石晶体结构，固体的体积比液体高出9%左右。表1-1列出了晶体硅的部分物理性质。

表1-1 晶体硅的部分物理性质

原子量	28.86	晶格常数	0.54nm
原子密度	4.99×10^{22}个$/cm^3$	禁带宽度(300K)	$(1.115\pm0.008)eV$
密度(固态)	$2.33g/cm^3$	电子迁移率	$(1350\pm100)cm^2/V\cdot s$
本征载流子浓度	1.5×10^{10}个$/cm^3$	空穴迁移率	$(480\pm15)cm^2/V\cdot s$
单晶本征电阻率	$230000\Omega\cdot cm$	熔解热	1850kJ/kg
介电常数	11.7 ± 0.2	蒸发热	13700kJ/kg
熔点	$(1416\pm4)℃$	热传导系数	$113W/m\cdot K$
沸点	$2900℃$	表面张力	0.72N/m
比热容	$915J/kg\cdot K$	硬度	7.0莫氏硬度
线性热膨胀系数	$(2.6\pm0.5)\times10^{-6}/℃$	折射率	3.42

(2) 硅的光学性质

硅在常温下的禁带宽度为 1.12eV，对光的吸收处于红外波段，硅在可见光谱范围是不透明的，但可透过近红外光谱频率的光线，因此被广泛应用于制作近红外光谱频率的光学元件、红外及 γ 射线的探测器等。

(3) 硅的热学性质

当硅熔化时其体积缩小，反之，凝固时其体积膨胀。正因为如此，在采用直拉法（CZ 法）生长硅晶体时，在收尾结束过程中，剩余的硅熔体冷却凝固时容易导致石英坩埚破裂。

硅具有较大的表面张力系数和较小的密度，因此可以采用悬浮区熔法生长硅的单晶体，此法即可避免石英坩埚对硅的沾污，又可进行多次提纯制备低氧高纯的区熔硅单晶。

(4) 硅的机械性质

在室温下硅是无延展性的，但在温度高于 800℃ 时它有明显的塑性，在应力的作用下会发生塑性形变。硅的抗拉性能远远大于抗剪性能，在加工过程中容易产生弯曲和翘曲。

1.2.3 化合物半导体材料的特殊性质

化合物半导体材料多数属于直接能隙材料，具有较高的电子迁移率，较宽的禁带宽度。用化合物半导体材料制作的器件，一般具有高频、快速、低噪声、耐高温、抗辐射、大功率、高反压、功耗小等特性。

化合物半导体材料与 Si、Ge 相比，具有更好的光电转换效应，因此广泛应用于光电转换领域，如用来制作发光二极管、镭射二极管、光接收器等。在制造太阳能电池方面，由于化合物半导体材料光吸收系数较高，因此仅需数微米厚就可以制成转换效率较高的太阳能电池，而用 Si 材料制作则需要的厚度则至少在 $100\mu m$ 以上。

由于化合物半导体材料的禁带宽度大，制成的太阳能电池较用 Si 制成的太阳能电池具有更好的抗辐射性，并可在较高的温度下工作。

(1) GaAs 薄膜材料的性质

在化合物半导体材料中，GaAs 最具代表性，它是一种典型的 Ⅲ-Ⅴ 族化合物半导体材料，现已经成为目前生产工艺最成熟、应用最广泛的化合物半导体材料，它不仅是仅次于硅材料的重要微电子材料，而且是主要的光电子材料之一，在太阳能电池领域有一定应用。

作为电子材料，GaAs 具有许多优越的性能。GaAs 材料的禁带宽度大、电子迁移率高、电子饱和速度高。与硅器件相比，GaAs 电子器件具有工作速度快、工作温度高和工作频率高的优点，因此，GaAs 材料在高速、高频通信器件方面获得广泛应用。

GaAs 属于直接带隙半导体材料，禁带宽度为 1.43eV，其光子的发射不需要声子的参与，具有较高的光电转换效率，是很重要的半导体光电材料，在半导体激光管、光电显示器、光电探测器、太阳能电池等领域应用广泛。

作为太阳能电池材料，GaAs 具有良好的光吸收系数，如图 1-1 所示。在波长 $0.85\mu m$ 以下，GaAs 的光吸收系数急剧升高，比硅材料要高一个数量级，而这个波段正是太阳光谱中能量最强的部分。因此对于 GaAs 太阳能电池而言，只要厚度达到 $3\mu m$，就可以吸收太阳光谱中约 95% 的能量。

由于 GaAs 材料的禁带宽度大，光谱响应特性好，因此，它的太阳能光电转换理论效率相对较高。如图 1-2 所示，GaAs 太阳能电池的理论效率要比硅太阳能电池高。

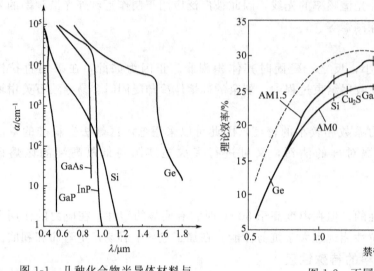

图 1-1　几种化合物半导体材料与 Si、Ge 的光吸收系数

图 1-2　不同禁带宽材的太阳能电池理论效率

一般太阳能电池的效率会随温度的升高而快速下降，例如硅太阳能电池在 200℃ 左右效率降低 70%。用 GaAs 制备的太阳能电池的温度系数相对较小，具有更高的工作温度范围。另外，GaAs 太阳能电池的抗辐射能力强，有研究指出，经过 $1\times 10^{15}\,cm^{-2}$ 的 1MeV 的高能电子辐射后，硅太阳能电池的效率降低为原来的 66%，而 GaAs 太阳能电池的效率仍保持在 75% 以上，显然 GaAs 太阳能电池在辐射强度大的空间飞行器上有更明显的优势。

(2) CdTe 薄膜材料的性质

CdTe 是一种直接带隙的 II-VI 族化合物半导体材料，具有立方闪锌矿结构，其晶格常数为 6.481Å。CdTe 晶体主要以共价键结合，但含有一定的离子键，其结合能大于 5eV，因此 CdTe 晶体具有很好的化学稳定性和热稳定性。

CdTe 在室温下的禁带宽度为 1.45eV，与 GaAs 材料一样非常接近光伏材料的理想禁带宽度，其光谱响应范围与太阳光谱几乎相同。但是随着温度的变化，其禁带宽度会发生变化，变化系数为 $(2.3\sim5.4)\times10^{-4}\,eV/K$。

CdTe 材料具有很高的光吸收系数，在可见光部分，其光吸收系数在 $10^5\,cm^{-1}$ 左右，所以只需要 1μm 厚度的薄膜便可以吸收 90% 以上的阳光。

CdTe 可以通过掺入不同杂质来获得 N 型或 P 型半导体材料。若用 In 取代 Cd 的位置，便可形成施主能级为 $(E_c-0.6)$ ev 的 N 型半导体材料；如果用 Cu、Ag 取代 Cd 的位置，便可形成受主能级为 $(E_c+0.33)$ eV 的 P 型半导体材料。对于 CdTe 材料，人们发现以 CdTe 多晶薄膜制备的太阳能电池的效率要高于其单晶制备的太阳能电池，这可能是因为在 CdTe 的晶界处存在一个势垒，它有助于光生载流子的收集。

(3) CdS 薄膜材料的基本性质

CdS 是一种直接带隙的 II-VI 族化合物半导体材料，具有闪锌矿和纤锌矿两种结构。

在室温下，其禁带宽度为 2.4eV 左右。

CdS 的光吸收系数较高，约为 $10^4 \sim 10^5 \text{cm}^{-1}$，其电子亲和势为 4.50eV，可以与 CdTe、$CuInSe_2$ 材料组成低接触势垒的异质结结构。CdS 材料很少单独用作太阳能电池材料，常与 CdTe、$CuInSe_2$ 等结合形成太阳能电池的 N 结和窗口层材料。

（4）$CuInSe_2$ 材料的基本性质

$CuInSe_2$ 晶体具有两种同素异形结构：一种是闪锌矿，另一种是黄铜矿。前者为高温相，相变温度为 980℃，属立方晶系；后者为低温相，相变温度为 810℃，属立方晶系。闪锌矿在 570℃ 以上才稳定，而黄铜矿结构自室温至 810℃ 都是稳定的，因此实际用于太阳能电池材料的 $CuInSe_2$ 材料都属于黄铜矿结构。

$CuInSe_2$ 为直接带隙半导体材料，电子亲和势为 4.58eV，其禁带宽度为 1.02eV，光吸收系数较大，在光子能量大于 1.4eV 的区域约为 $4 \times 10^5 \text{cm}^{-1}$。

$CuInSe_2$ 为三元化合物半导体材料，它的光学性质、电学性质与材料的组分比、组分的均匀性、结晶程度、晶格结构等因素紧密相关，其材料组分偏离化学计量比越小，元素组分越均匀，结晶度越好，晶体结构越单一，其光学吸收特性就越好。当材料组分偏离化学计量比时，表现出不同的导电特性。当 Cu、In 不足时，Cu、In 的空位表现为受主；而当 Se 过量时，Se 空位也表现为受主，此时薄膜材料为 P 型半导体材料。当 Cu、In 过量时，间隙 Cu、In 表现为施主；而当 Se 不足时，Se 空位也表现为施主，此时薄膜材料为 N 型。通常高效 $CuInSe_2$ 太阳能电池都是利用 In 稍多的薄膜材料，而富 Cu 的薄膜材料电池相对效率较低。

在 $CuInSe_2$ 材料的基础上，通过用少量 Ga 替代 In，便可形成 $CuIn_xGa_{1-x}Se_2$ 材料，这种材料属于黄铜矿结构，为直接带隙半导体材料。通过调整部分 Ga 的浓度，可以使这种材料的禁带宽度在 1.02~1.68eV 之间变化，以吸收更多的太阳光谱。

在实际制备 $CuIn_xGa_{1-x}Se_2$ 薄膜时，由于杂质的污染以及薄膜材料中的位错、二元杂相等晶体缺陷，制得的薄膜的禁带宽度和理论值存在一定的误差。

由于 $CuInSe_2$ 薄膜材料电池中含有高价稀有元素 Se，而硒化物有毒。因此人们希望利用价格低廉的 S 替代 Se 来制备 $CuInS_2$ 薄膜材料电池。$CuInS_2$ 为直接带隙的 I-III-VI 族半导体化合物材料，光吸收系数较大，膜可以做得更薄，以降低成本；$CuInS_2$ 可制得高质量的 P 型和 N 型薄膜，易制成同质结，在理论上，$CuInS_2$ 同质结太阳能电池的光电转换效率可以超过 30%，而且制备简单、性能稳定、成本较低，适合于大规模生产，因此是一种非常有发展前途的太阳能电池材料。

实训一　采用四探针测试仪测量硅材料的电阻

1. 测试原理图

测试原理如图 1-3、图 1-4 所示，恒流电源提供恒定的样品电流 I，其数值由电流表显示，V_{23} 用电位差计测出。根据测量的 I、V_{23} 及 S 即可求出电阻率 ρ 来。

2. 实验内容与要求

（1）测出所给硅单晶棒的纵向电阻率分布，判别导电类型，作出 $N(x)$ 曲线（至少 5 个点，实验测量数据以表格形式列出）。

（2）测定并计算所给的不同大小和厚度的样品的电阻率。

（3）观测光照对测量结果的影响。

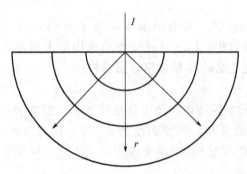
图1-3 点电流源的半球形等位面原理图

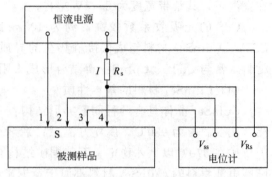
图1-4 四探针测试原理图

3. 注意事项

(1) 为了保证探针与样品有良好的接触，减少少数载流子注入对测试结果的影响，在测试之前，必须用金刚砂将样品的测试表面磨毛，并使测试表面清洁、干燥；

(2) 探针要尖、间距要尽可能相等，以保证测量的精确度；

(3) 为减少测量误差，对每个测试点，应取正反向电流测量两次，然后求平均值。

思 考 题

1. 简述光伏材料的分类。
2. 半导体材料的共性有哪些？

模块二　晶体结构与缺陷

2.1　晶体的构造

组成物体的原子（分子或离子）在三维空间中如果按同一规律有规则地排列，则这样的物体称为晶体。

2.1.1　晶体与非晶体

自然界的物质通常以三种状态出现：固体、液体及气体，它们是由原子、分子或离子组成的。组成固体和液体的相邻原子之间的距离为几个埃（Å）（$1Å=10^{-8}cm=10^{-4}\mu m$），相当于每 cm^3 含有 $10^{22}\sim10^{23}$ 个原子；气体在常温和一个大气压下，每 cm^3 含 0.7×10^{19} 个分子，分子间的平均距离为 3nm 左右。

自然界中的大多数固体，如大家熟悉的岩盐、水晶、钻石、明矾、结晶食盐、雪花等都是晶体；铜、铁、铅等金属，锗、硅、砷化镓等半导体材料，石墨、石英等材料都是晶体物质。"液晶"也属于晶体，只不过它的原子排列呈现二维有序性。图 2-1 所示为常见的几种晶体。

钻石　　　　　　　　食盐晶体　　　　　　　　雪花晶体

图 2-1　常见的几种晶体

非晶体是指组成物质的粒子在空间的排列没有规则，不呈现周期性。非晶体没有一定规则的外形，例如我们熟悉的玻璃、松香、石蜡等都属于非晶体。

2.1.2　晶体的格子构造

把晶体的微观结构放大很多倍，会发现粒子在空间的分布具有各种规律，把粒子的重心作为一个几何点，称为格点，用格点来表示每一个粒子。取三个不同的晶列族，它们将晶体粒子所处的空间分为无数个格子，称为晶格，如图 2-2、图 2-3 所示。

2.1.3　晶胞与 14 种空间结构

由于晶体是由全同结构单元周期性地重复构成的，所以我们研究晶体时只需研究其中的一个结构单元就可以了。这种结构单元中的最简结构单元称为初基晶胞或原胞，非最简结构单元称为晶胞。原胞一般只反映晶格的周期性，不反映晶格的对称性，晶胞一般既反映晶格的周期性，又反映晶格的对称性。硅晶体的原胞为四面体，晶胞为立方体。

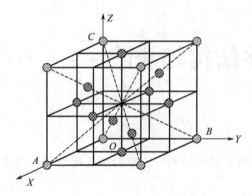

图 2-2 金刚石的格子结构

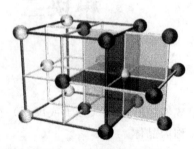

图 2-3 干冰的格子结构

按晶体的空间点阵结构可分为 7 种晶系，它们是三斜晶系、单斜晶系、正交晶系、四角晶系、立方晶系、三角晶系和六角晶系，见表 2-1。

表 2-1 7 种晶系的特点

晶系	点阵数目	点阵类型	对惯用晶胞的轴和角的限制
三斜	1	初基	$a \neq b \neq c$ $\alpha \neq \beta \neq \gamma$
单斜	2	初基、底心	$a \neq b \neq c$ $\alpha = \gamma = 90° \neq \beta$
正交	4	初基、底心体心、面心	$a \neq b \neq c$ $\alpha = \beta = \gamma = 90°$
四角	2	初基、体心	$a = b \neq c$ $\alpha = \beta = \gamma = 90°$
立方	3	初基、体心面心	$a = b = c$ $\alpha = \beta = \gamma = 90°$
三角	1	菱形	$a = b = c$ $\alpha = \beta = \gamma < 120°, \neq 90°$
六角	1	初基	$a = b \neq c$ $\alpha = \beta = 90°$ $\gamma = 120°$

在晶体中选三个互不平行的特定的晶列方向为晶轴，以晶轴上两个相邻的格点间的距离为单位，这个单位称为点阵常数。表 2-1 中的 a、b、c 为各晶系的点阵常数，α、β、γ 为三个晶轴之间的夹角。图 2-4 所示为晶体常见的 14 种空间结构。

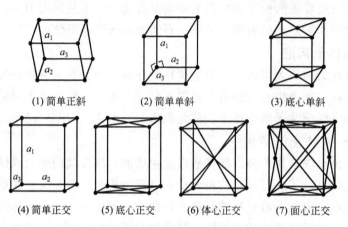

(1) 简单正斜   (2) 简单单斜   (3) 底心单斜

(4) 简单正交   (5) 底心正交   (6) 体心正交   (7) 面心正交

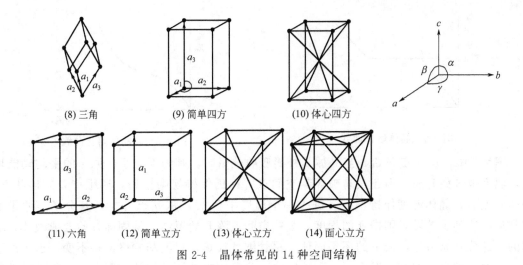

图 2-4 晶体常见的 14 种空间结构

2.2 晶体的特性

2.2.1 晶体的规则外形

地球上天然形成的晶体大都具有规则的外形，如图 2-5 所示。例如水晶原矿石的每一个晶粒都是由很多光洁的小平面围成的多面体，这些多面体很有规则地分布；岩盐的外形是立方体。人工生长的晶体也容易显露出规则的外形，如在含尿素溶液中生长的食盐为八面体，在含硼酸的溶液中生长的食盐为立方兼八面体。

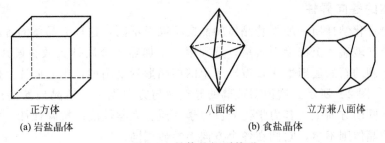

图 2-5 晶体的规则外形

人工生长的直拉单晶硅也是一种晶体，沿〈111〉方向生长的单晶硅有三条或六条对称分布的棱线；沿〈100〉方向生长的则有四条对称分布的棱线。将〈111〉取向的硅单晶片弄碎，会发现小碎片为正三角形，而〈100〉取向的小碎片为矩形。在外力作用下硅单晶片往往沿着解理面裂开，晶向不同，解理面的方位也不同。

天然形成的非晶体没有规则的外形，如松香、石蜡、玻璃、塑料等非晶体，将其打碎，不会出现解理面，而是无规则的碎块。另外，金属、合金等尽管是晶体，但却没有规则的外形。

2.2.2 晶体的固定熔点

将晶体（或非晶体）逐渐加热，每隔一定时间测量一下它们的温度，一直到它们全部熔化，可以作出温度和时间关系的曲线，如图 2-6 和图 2-7 所示。

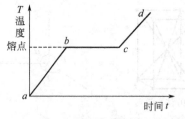
图 2-6　晶体熔化曲线

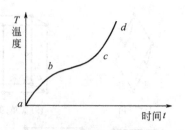
图 2-7　非晶体熔化曲线

图 2-7 中，从 a 点开始，当晶体从外界吸收热量时，其内部分子、原子的平均动能增大，温度也开始升高，但还没有破坏其空间点阵，仍保持规则排列，还维持着固体状态。到达 b 点后，晶体温度保持不变，进入一个温度平台 bc，从 b 点开始，其分子、原子的剧烈运动达到了破坏规则排列的程度，某些空间点阵开始解体，从固体开始变成液体，晶体的一部分开始熔化，余下的还是固体，尽管继续加热，温度却始终保持不变，这个温度就是晶体的熔点。在熔点温度下，固体吸收的热量用来破坏晶体的空间点阵，将固态转化为液态，所以整个温度并不升高。

随着时间推移，液体逐渐增加，固体逐渐减少，直到全部熔化成液体为止，即到达 c 点，如果再继续加热，随着从外界吸收热量，整个液体的温度又继续上升，如 cd 段所示。

非晶体没有温度平台，随着时间的推移，温度不断升高，bc 段很难说是固态还是液态，而是一种软化状态，不具有流动性，温度继续升高就成为液体。

晶体具有确定的熔点，非晶体没有确定的熔点，这是晶体和非晶体之间最明显的区别。熔点是晶体从固态转变到液态（熔化）的温度，也是从液态转变为固态（凝固）的温度。

2.2.3　晶体的各向异性

晶体的物理化学性质一般随着晶体的晶向不同而不同，这称为晶体的各向异性。在薄的单晶硅片上和玻璃片上都涂上石蜡，分别用一个加热的金属针尖放在硅片和玻璃片上，会发现触点周围的石蜡逐渐熔化，玻璃片上的熔蜡形状呈圆形，单晶硅片上的呈圆弧三角形，如图 2-8、图 2-9 所示。这说明玻璃的导热性与方向无关，单晶硅的导热性与方向有关。晶体在不同的方向上，其力学性质、电学性质、光学性质、抗腐蚀性、抗氧化性一般是不同的。非晶体则不然，它们在各个方向上性质相同。

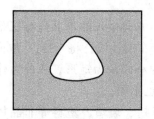
图 2-8　单晶硅片

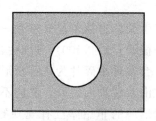
图 2-9　玻璃片

出现上述不同性质的原因在于晶体的不同晶向上原子排列规律是不一样的，原子的空间点阵和疏密程度不一样，在宏观上呈现为晶体不同的几何形状和不同的晶面。当晶体吸收热量时，由于不同方向上原子排列疏密不同，间距不同，吸收的热量多少也不同，传输热量的快慢也不一样，表现出不同的传热系数和膨胀系数，所以在不同的晶向上的传热性质也不相同，呈现出各向异性的特点。

非晶体的内部原子呈现无规则的均匀排列，没有一个方向比另一个方向特殊，形不成空间点阵。非晶体吸收热量后不用来破坏其空间点阵，只用来提高内部粒子的平均动能，所以当从外界吸收热量时，非晶体由硬变软，最后变成液体，表现为各向同性。常见的玻璃、蜂蜡、松香、沥青、橡胶等非晶体熔化时都具有这种特征。

2.2.4 晶体的解理性

当晶体受到敲打、剪切、撞击等外力作用时，有沿某一个或几个特定方位的晶面劈裂开来的性质，如固体云母很容易沿与自然层状结构平行的方向裂为薄片，这一性质称为解理性，这些劈裂面称为解理面。自然界的晶体显露于外表的往往就是一些解理面。

2.2.5 晶体的稳定性

物体从气态、液态或非晶态过渡到晶态时都要放热，反之，从晶态转变为非晶态、液态或者气态都要吸热，即在相同的热力学条件下，与同种化学成分的气体，液体或非晶体相比，晶体的内能最小，是稳定的，非晶体有自发转变为晶体的趋势，因而结晶状态是一个相对稳定的状态。

2.3 典型的晶体结构

2.3.1 晶体的分类

晶体按其内部组成粒子的不同可分为离子晶体、原子晶体，分子晶体，根据功能不同可分为导体晶体，半导体晶体，绝缘体晶体，磁介质晶体，电介质晶体和超导体晶体。从晶体结构的角度分，晶体还可以分为单晶和多晶。所谓单晶，就是整个晶体中格点在空间的排列为长程有序。单晶整个晶格是连续的，是由一个晶核（微小的晶体）各向均匀生长而成的，其晶体内部的粒子基本上按照某种规律整齐排列。单晶硅就是单晶体。单晶体要在特定的条件下才能形成，而在自然界较少见（如宝石，金刚石等）。通常所见的晶体是由很多单晶颗粒杂乱地凝聚而成的，尽管每颗小单晶的结构是相同的，是各向异性的，但由于单晶之间排列杂乱，因而整个晶体一般不表现出各向异性，这种晶体称为多晶体。多晶体没有贯穿整个晶体的结构。单晶体与单晶体之间存在着结构的过渡，即存在着界面。而界面是一种缺陷，所以说多晶体中包含着许多缺陷。缺陷的存在影响着晶体的物理性质。由同种成分组成的单晶体和多晶体具有不同的性能。

2.3.2 半导体材料的典型结构

（1）金刚石结构

单晶硅和锗晶体同属金刚石结构。金刚石结构可以看成由两个沿对角线方向错开 1/4 对角线距离的面心立方晶格构成，其初基晶胞为四面体型，四面体的每个顶角上有一个原子，如图 2-10 所示，每个原子有 4 个最近邻原子和 12 个次近邻原子。一个立方体有 8 个原子。金刚石结构是比较空的，它的填充率只有 34%，所以，在金刚石结构中有较大的空隙。在硅中的间隙有四面体位置和六边形位置。

（2）闪锌矿结构

GaAs 晶体的结构是闪锌矿结构，它由 Ga 原子组成的面心立方结构和由 As 原子组成的面心立方结构沿对角线方向移动1/4间距套构而成,如图2-11所示。Ga原子和As原子之间主要靠共价键结合,也有部分离子键作用。在[111]方向形成极化轴,沿(111)面生长容易,腐蚀速度快,但是位错密度高,容易成多晶;而($\bar{1}\bar{1}\bar{1}$)面则相反。

CdTe也具有立方闪锌矿结构,从[111]方向看,可以认为它是由六方的密集面交替堆积而成的晶体结构。

(3) 纤锌矿结构

纤锌矿结构又称六方硫化锌型结构,如

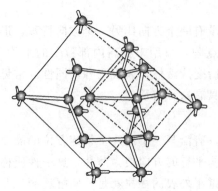

图 2-10 金刚石结构示意图

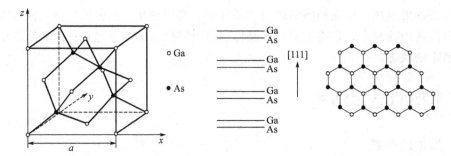

图 2-11 GaAs的晶体结构示意图

图2-12所示,属六方晶系。六方硫化锌晶体结构为AB型结构,其中A原子作六方密堆积,B原子填充在A原子构成的四面体空隙中。A原子、B原子靠共价键联系,配位数均为4。

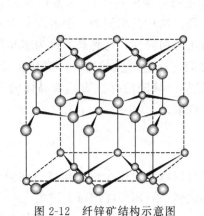

图 2-12 纤锌矿结构示意图

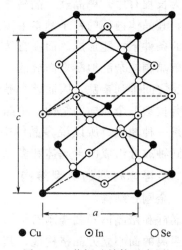

图 2-13 黄铜矿结构示意图

(3) 黄铜矿结构

$CuInSe_2$晶体具有两种同素异形结构:一种是闪锌矿结构;另一种是黄铜矿结构。其低温相为黄铜矿结构,属正方晶系,如图2-13所示,晶格常数为$a=0.5782nm$,$c=1.1621nm$,单位晶胞可以看做是由阴离子Se和阳离子(Cu和In)所组成的两个面心立方结构的晶格嵌套而成的。

2.4 晶面、晶向

2.4.1 晶面指数

晶格中的结点组成的平面称为晶面。一个晶格里的结点可以在不同的方向上组成晶面，每组晶面构成一个晶面族。一族晶面不仅互相平行，而且等距排列。

为了描述晶面的方向，我们采用晶面指数，晶面指数又称为密勒指数，是这样确定的：

（1）找出晶面在三个晶轴上的以点阵常数为单位的截距；

（2）取这些截距的倒数，然后化成与之具有同样比率关系的三个最小整数 h、k、l，用圆括号括起来，(hkl) 就是密勒指数，即晶面指数；

（3）如果晶面与某晶轴的截距为无穷大，相应的指数为 0；

（4）如果一个晶面的截距在原点的负侧，则在相应指数的顶上加"—"号。

例某一晶面在三个晶轴上 $\vec{a}$、$\vec{b}$、$\vec{c}$ 上的截距分别为 4、1、2，倒数分别为 1/4、1、1/2，与这组倒数具有同样比率的三个最小整数为 1、4、2，即有：

$$\frac{1}{4} : 1 : \frac{1}{2} = \frac{1}{4} : \frac{4}{4} : \frac{2}{4} = 1 : 4 : 2$$

故 (142) 就是这个晶面的晶面指数。

又如某一晶面在三个晶轴上 $\vec{a}$、$\vec{b}$、$\vec{c}$ 的截距分别为 1/2、−1/3、1，它们的倒数分别为 2、−3、1，则 $(2\bar{3}1)$ 就是这个晶面的晶面指数。

在晶体中具有类似 (hkl) 指数的晶面有很多，我们把这些晶面称为一族晶面，记为 $\{hkl\}$。如在立方晶系中 $\{100\}$ 晶面族包括 (100)、$(\bar{1}00)$、(010)、$(0\bar{1}0)$、(001)、$(00\bar{1})$ 各晶面。

2.4.2 晶向指数

晶格中的结点在空间沿不同方向按平行直线排列，每一个平行排列的直线方向称为一个晶向。晶体中的不同方向用三个最小整数 u、v、w 来标示，记为 $[uvw]$，称为晶向指数。u、v、w 是该方向在三个晶轴上的分量的最小整数比。

2.4.3 晶面间距

同族晶面 (hkl) 的两个相邻平行平面之间的距离 d 称为晶面间距，由下式求出：

$$\frac{1}{d^2} = \frac{h^2 + k^2 + l^2}{a^2}$$

2.4.4 晶面夹角

两个晶面 $(h_1k_1l_1)$、$(h_2k_2l_2)$ 的夹角 φ 称为晶面夹角，由下式求出：

$$\cos\varphi \frac{h_1h_2 + k_1k_2 + l_1l_2}{\sqrt{(h_1^2 + k_1^2 + l_1^2)(h_2^2 + k_2^2 + l_2^2)}}$$

2.5 晶体缺陷

晶体的晶格排列中的任何不规则的地方就是晶体缺陷。晶体缺陷对半导体材料的性能有很大的影响。

2.5.1 点缺陷

1. 自间隙原子和空位

在晶体中总是有少部分原子会脱离正常的晶格点，而跑到晶格间隙中，成为自间隙原子，这种作用又使得原先的晶格点上没有任何原子占据，成为晶格的空位，这样一对自间隙原子与空位称为弗兰克（Frankel）缺陷，如图 2-14（a）所示。当晶格原子扩散到晶体最外层时，这使得晶格中仅残留空位而没有自间隙原子，这种缺陷称为肖特基（Schottky）缺陷。如图 2-14（b）所示。

(a) 弗兰克缺陷　　　　(b) 肖特基缺陷

图 2-14　自间隙原子和空位

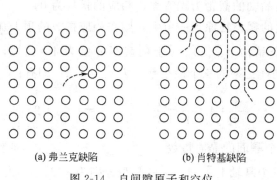

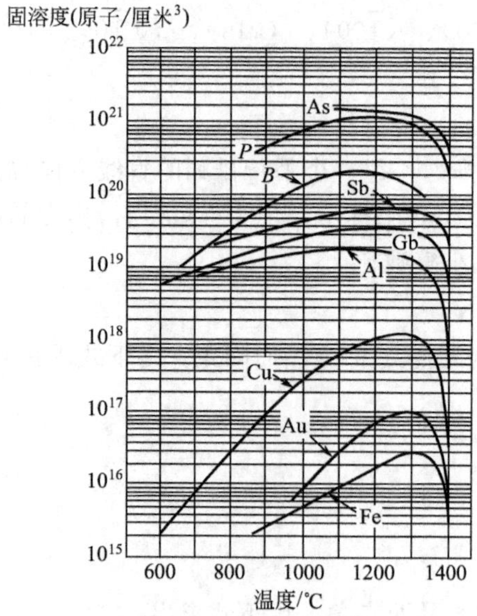

图 2-15　杂质在硅中的固溶度与温度的关系

2. 杂质原子产生的点缺陷

杂质原子在硅中可能形成间隙原子，也可能形成替位原子。如氧原子在硅中主要占据间隙位置，而掺入的 B、Al、Ga、P、As 等杂质，则为替位原子，它们在硅中占据晶格格点位置。那些原子半径较硅原子半径大的原子使晶格膨胀，而那些原子半径比硅原子半径小的则使晶格收缩，造成晶格缺陷。

杂质在硅中能容纳的最大数量是特定的，能容纳的最大数目称为杂质在硅中的固溶度，它与杂质的种类及温度有关。杂质元素在晶体中的固溶度还与以下因素有关：原子大小、电化学效应、相对价位效应。杂质在硅中的固溶度与温度的关系如图 2-15 所示，可以看到，固溶度随温度的增加而增加，但当温度接近熔点时，固溶度急剧下降。

2.5.2 线缺陷

当晶体中的晶格缺陷沿着一条直线对称时,这种缺陷称为位错。当在一晶体上施加外力时,晶体会产生弹性或塑性形变。在弹性形变范围内,当外力移去时,晶体会回到原来的状态;当外力超过晶体的弹性强度时,晶体就不会回到原有的状态,产生了塑性形变,导致位错的产生。位错属于线缺陷,包括有刃位错、螺旋位错和位错环。

1. 刃位错

为了理解刃位错的几何形状,以一个简单的立方结构为例,如图 2-16 所示,沿着晶体的平面 $ABCD$ 切开,接着施以剪应力 τ,那么平面 $ABCD$ 上方的晶格会相对于下方的晶格向左滑移一原子间隔距离 b。

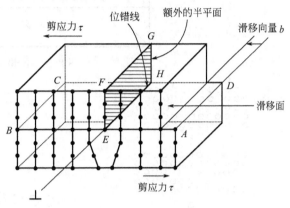

图 2-16 刃位错

平面 $ABCD$ 上方的晶格会被挤出一个额外的半平面 $EFGH$,也就是说晶体的上半部比下半部多了一个平面的原子,这种形式的晶格缺陷即为刃位错。

2. 螺旋位错

位错的第二种基本形态为螺旋位错。当施加剪应力在一简单立方晶体上,如图 2-17(a)所示,这剪应力将使晶格平面被撕裂,如图 2-17(b)所示,图中上半部的晶格相对于下半部的晶格在滑移平面上移动了固定的滑移向量,形成螺旋位错。

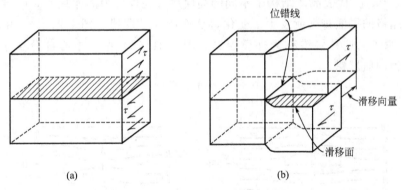

图 2-17 螺旋位错

3. 位错环

位错线不会终止在晶体中,它们只可能终止在晶体表面或晶界处,或者形成一封闭回路,这个封闭回路称为位错环,如图 2-18 所示,图中显示了一圆形位错环及其滑移面。

若位错环是由晶格空位形成的,则称为本质位错环,如图 2-19 所示。若位错环是由间隙原子聚集形成的,则称为外质位错环,如图 2-20 所示。

2.5.3 面缺陷

面缺陷包括层错,双晶缺陷及晶界。其中层错一般发生在外延工艺过程中,是晶体生长过程中最常见的缺陷之一。

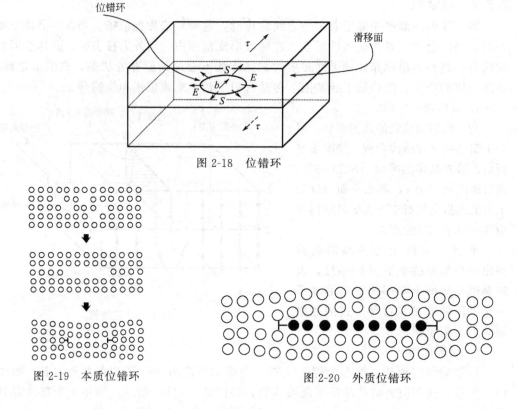

图 2-18 位错环

图 2-19 本质位错环

图 2-20 外质位错环

1. 层错

若以 A、B、C 代表晶体结构中不同的晶面层,在外应力的作用下,C 层原子移到了 A 层,这样晶格的层面排列就发生了变化,从而产生了层错。图 2-21(a)中,中心部分插入了 A 层原子,这种层错称为外质层错;图 2-21(b)中,中心部分少了 C 层原子,这种层错称为内质层错。

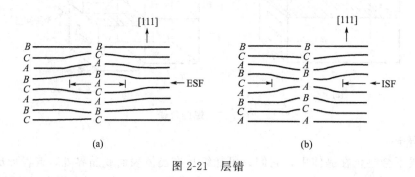

图 2-21 层错

2. 双晶缺陷

当部分晶格在特定方向产生塑性形变,而且形变区原子与非形变区原子在交界处仍是紧密接触时,这种缺陷称为双晶缺陷,如图 2-22 所示,图中空心圆圈代表发生形变前的原子,实心圆代表发生形变后的原子。

3. 晶界

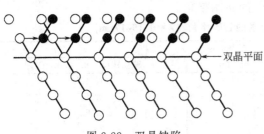

图 2-22 双晶缺陷

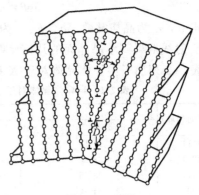

图 2-23 晶界

晶界是两个或多个不同结晶方向的单晶交界处，晶界通常是平面状的。图 2-23 显示了一小角度晶界，它含有许多刃位错，这些刃位错可能是出现在晶体生长的某阶段，借着滑移及爬升而形成小角度晶界。当晶界的倾斜角较大时（大于 10°15′），位错结构便失去其物理意义，单晶也就变成了多晶。

2.5.4 体缺陷

体缺陷是指在完整的晶格中包含有空洞或者夹杂有包裹物，从而使晶体内部的空间结构整体上出现了一定形式的缺陷，这种缺陷一般是由点缺陷和面缺陷造成的。体缺陷主要包括沉淀相、晶粒内的气孔和第二相夹杂物等。

实训二　采用 X 射线衍射法测试硅片的表面取向

1. 测试原理

一束平行的单色 X 射线照射到空间中垂直距离为 d 的一系列平行平面上，当 X 射线在相邻平面之间的光程差为其波长 λ 的整数倍时，就会产生衍射。利用计数器探测衍射线，根据其出现的位置即可确定单晶的晶向，如图 2-24 所示。当入射光束与反射平面之间夹角 θ，X 射线波长 λ，晶面间距 d 及衍射级数 n 同时满足下面关系式时，X 射线衍射光束强度将达到最大值：

$$n\lambda = 2d\sin\theta$$

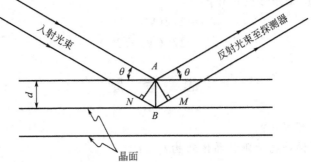

图 2-24　X 射线照射到单晶晶面的几何反射图

对于立方晶胞结构有

$$d = a/(h^2 + k^2 + l^2)^{1/2}$$

$$\sin\theta = n\lambda(h^2+k^2+l^2)^{1/2}/2a$$

式中，a 为晶格常数，h、k、l 为反射平面的密勒指数。

X 射线照射到单晶晶面的几何反射图如图 2-24 所示。

表 2-2 列出了半导体晶体对于 X 射线衍射的布喇格角。

表 2-2 半导体晶体对于 X 射线衍射的布喇格角（$\lambda=0.15417$nm）

反射平面(hkl)	布喇格角		
	硅($a=0.543$nm)	锗($a=0.5657$nm)	砷化镓($a=0.5653$nm)
(111)	14°14′	13°39′	13°40′
(220)	23°40′	22°40′	22°41′
(311)	28°05′	26°52′	26°53′
(400)	34°36′	33°02′	33°03′
(331)	38°13′	36°26′	36°28′
(422)	44°04′	41°52′	41°55′

2. 试验装置

X 射线测试装置一般使用铜靶，X 射线束靠一个狭缝系统校正，使其穿过一个用镍材料制作的薄滤光片而成为一束基本上为单色的平行射线。试样放置在一个支座上，使被测面可以绕满足布喇格条件的轴旋转。

用合适的探测器如盖革计数管进行定位，使入射 X 射线的延长线与计数管和试样转轴线之间的夹角为两倍布喇格角。注意应使入射 X 射线束、衍射光束、基准面法线及探测器窗口在同一平面内。

3. 测量步骤

（1）选择布喇格角 θ，测晶体的大致取向（晶体被测面参考平面取向），计算或查表得到布喇格角 θ，置 GM 计数管于 2θ 位置。

（2）将被测试样安放在支座上，并适当固定。

（3）开启 X 射线发生器，转动测角仪手轮，直到射线衍射强度最大为止。

（4）记下测角仪读数 Ψ_1。

（5）将试样沿被测面（基准面）法线以同一方向分别旋转 90°、180° 及 270°，分别重复第三步，依次记下测角仪读数 Ψ_2、Ψ_3 和 Ψ_4。

4. 测试结果计算

计算并记录角度偏差分量 α 和 β：

$$\alpha = 1/2(\Psi_1 - \Psi_2)$$
$$\beta = 1/2(\Psi_3 - \Psi_4)$$

思 考 题

1. 晶体的特性有哪些？
2. 常见的光伏材料属于哪种晶体结构？
3. 简述硅晶体各向异性在不同晶向或者晶面的差异。
4. 晶体的缺陷类型有哪些？

模块三 杂质与缺陷能级

3.1 能带的形成

3.1.1 电子的共有化

绝大多数的半导体材料是晶体,其原子在三维空间上周期性地排列,相邻的原子间的距离只有 10^{-10} m 数量级,原子核周围的电子会发生相互作用,电子壳层发生重叠,外壳层重叠较多,内壳层重叠较少。外壳层发生能级重叠后电子不再局限于一个原子,而可从一个原子壳层转到相邻的另一原子壳层上去,并且可以从邻近的原子再转移到更远的原子上去。这样,电子便可以在整个晶体中运动,为晶体内所有原子所共有,这种现象我们称为电子共有化。

一般情况下,只有最外层电子的共有化特征才是显著的,而内层电子的运动情况与单独原子中的情况差别很小。

3.1.2 能级、能带、能隙

在孤立原子中,原子核外的电子按照一定的壳层排列,每一壳层容纳一定数量的电子,电子围绕原子核做着特定的运动。电子的这一系列特定的运动状态,称为电子的量子态。每个量子态中,电子的能量是一定的,这种量子化的能量称为能级。根据一定原则,电子只能在这些分裂的能级上运动,或者从一个能级跃迁到另一能级,当电子从低能级跃迁至高能级时,电子就要吸收能量;当电子从高能级跃迁至低能级时,电子就要放出能量。

晶体中大量的原子集合在一起,而且原子之间距离很近(以硅为例,每立方厘米的体积内有 5×10^{22} 个原子,原子之间的最短距离为 0.235nm),致使离原子核较远的壳层发生交叠,壳层交叠使电子不再局限于某个原子上,有可能转移到相邻原子的相似壳层上去,从而使本来处于同一能量状态的电子产生微小的能量差异,就一个晶体而言,一个能级就可以分裂成很多个能量相近的能级,扩展为能带。

这些分裂能级的总数很大且能量之差极小,因此能带中的能级可视为连续的。这时,共有化电子不是在一个能级上运动,而是在一个能带中运动。这种能带我们称之为允带。通常,在能量低的允带中填满了电子,这些能带称为满带;而能带图中最高的能带,往往是全空或半空(部分填充),电子没有填满,此能带称为导带。在导带下的那个满带,其电子可以跃迁到导带,此能带称为价带。允带之间是没有电子运动的,被称为禁带,禁带宽度即为能隙。

在半导体材料中,根据电子从价带跃迁到导带的行为,可分为直接能隙半导体和间接能隙半导体。在直接能隙晶体中,价带中的载流子吸收一个光子,同时产生一个电子和一个空穴。光子的最小能量等于 E_g。在间接能隙晶体中,价带中的载流子吸收一个光子,同时产生一个电子、一个空穴和一个声子,声子的能量为 $h\Omega$(Ω 为声子频率),且能量 $h\Omega = 0.01 \sim 0.03\text{eV}$。则光子的最小能量等于 $E_g + h\Omega$。硅、锗、GaP 等属间接能隙晶体,

GaAs、InP、CdS、Cu_2S 等属直接能隙晶体。

3.1.3 导体、半导体、绝缘体的能带结构

绝缘体材料，一般情况下价带上的电子不可能跃迁到导带上，所以绝缘体材料几乎不导电；金属材料的导带和价带有相当部分是重合的，中间没有禁带，在导带中存在大量的自由电子，导电能力强；半导体材料在低温状态下，导带中一般没有或只有极少的自由电子，但在一定的条件下，由于它的禁带宽度不是很宽，价带的电子可能跃迁到导带，同时在价带上留下空穴，电子和空穴可以同时导电。表 3-1 列出几种主要半导体材料的禁带宽度。

表 3-1 几种主要半导体材料的禁带宽度

晶体名称	E_g/eV		晶体名称	E_g/eV	
	0 K	300 K		0 K	300 K
Si	1.17	1.12	GaAs	1.52	1.43
Ge	0.744	0.67	SiC	3.0	2.9
InSb	0.24	0.18	Te	0.33	0.3
InAs	0.43	0.35	GdS	2.582	2.43
InP	1.43	1.35	GdTe	1.607	1.45
GaP	2.32	2.26	ZnS	3.91	3.6

3.2 半导体中的杂质与掺杂

半导体中的杂质主要有两方面的来源：一是制备半导体的原材料纯度不够高或单晶及光伏产品制造过程中的沾污；二是人为地掺入某种化学元素的原子。

3.2.1 半导体纯度的表示

（1）重量百分含量

$$纯度 = \frac{总重量 - 杂质重量}{总重量} \times 100\% \tag{3-1}$$

如某种物质的纯度为 99.9%，就指在这种物质中，减去指定的杂质后，其主体重量占总体重量的 99.9%，对 99.9%这个数可简称为 3 个 "9"，也可记为 "3N"。

（2）物质的不纯度

$$不纯度 = \frac{样品中杂质含量}{样品总量} \tag{3-2}$$

这个比值可以是重量比，也可以是体积比，也可以是原子个数比。为表示简便，将百万分之一记为 "ppm"，将十亿分之一记为 "ppb"，将万亿分之一记为 "ppt"。在半导体材料的研究中，常用杂质与主体的原子数之比表示不纯度，并在符号后加 "a"，如 ppma、ppba。

3.2.2 半导体的杂质效应及影响

半导体的杂质效应即扩散效应、蒸发效应及分凝效应。

（1）扩散效应

所谓扩散，就是杂质原子、分子在气体、液体或固体中进行迁移的过程，扩散总是从

杂质浓度高的地方向浓度低的地方进行。扩散系数用来衡量杂质的扩散效应。

扩散系数是温度的函数，随着温度上升而增大。在1200℃下各种杂质在固体硅中的扩散系数如表3-2所示。

表3-2　杂质在固体硅中的扩散系数

元　素	硼(B)	铝(Al)	镓(Ga)	铟(In)	磷(P)	砷(As)
扩散系数(1200℃)	4×10^{-12}	$10^{-10}\sim10^{-12}$	4.1×10^{-12}	8.3×10^{-13}	2.8×10^{-12}	2.7×10^{-13}
元　素	锑(Sb)	铜(Cu)	金(Au)	锌(Zn)	铁(Fe)	锂(Li)
扩散系数(1200℃)	2.7×10^{-13}	约10^{-5}	约10^{-6}	约10^{-6}	1×10^{-6}	1.3×10^{-5}

（2）蒸发效应

掺入硅熔体中的杂质在高温下会不断蒸发，特别是在真空状态下会更显著，可以用蒸发速度常数和蒸发时间常数来描述蒸发效应，见表3-3和表3-4。

表3-3　杂质的蒸发速度常数

杂　质	蒸发速度常数/(cm/s)	杂　质	蒸发速度常数/(cm/s)
硼(B)	5×10^{-6}	铜(Cu)	5×10^{-5}
磷(P)	1×10^{-4}	铁(Fe)	2×10^{-5}
锑(Sb)	7×10^{-2}	锰(Mn)	2×10^{-4}
砷(As)	5×10^{-3}	镓(Ga)	1×10^{-3}
铝(Al)	1×10^{-4}	铟(In)	5×10^{-3}
钙(Ca)	1×10^{-3}		

表3-4　杂质的蒸发时间常数（实验数据）

元　素	磷	砷	锑	硼	铝	镓	铟	铜	铁	锰
蒸发时间常数	2.5	3	0.2	50	2.5	12	3	5	10	1
单位	h	min	min	h	h	min	min	h	h	h

（3）杂质的分凝效应

在硅单晶生长过程中，一直伴随着熔体结晶为固体的物态转变过程，在这个转变的关键部位——固液交界面上，会产生杂质的分凝效应，即杂质并不按照在熔体中的浓度进入固体，或许浓度低，或许浓度高，当固液平衡共存时，固液中的组分发生偏析，固体中的杂质浓度与液体中的杂质浓度之比定义为平衡分凝系数。

各种杂质在硅中的平衡分凝系数是不同的，在表3-5中列出了部分主要杂质在硅中的平衡分凝系数。

表3-5　硅中几种主要杂质的平衡分凝系数

元素	B	P	As	Sb	Al	Ga	O	C	Fe	Cu
平衡分凝系数	0.8~0.9	0.35	0.3	0.03	2×10^{-3}	8×10^{-3}	1	7×10^{-3}	8×10^{-6}	4×10^{-4}

3.2.3　半导体的掺杂与型号

为了控制半导体材料的电学性能，在高纯的本征半导体材料中加入不同类型的杂质，形成N型或P型半导体材料，称为掺杂。

以硅为例，它的原子序数为14，属于Ⅳ族元素，外层价电子数为4个，与其他元素化合时特征价态为4价，若在硅中加入Ⅴ族元素（外层有5个价电子），该元素原子会贡献出4个价电子，与周围的硅原子形成共价键结合，剩余的1个价电子成为自由电子，这种掺杂后形成的材料称为 N 型半导体。

若在硅中加入Ⅲ族元素（外层只有 3 个价电子），该元素的原子会贡献出 3 个价电子，与周围的硅原子形成共价键结合，因为少了 1 个价电子，形成一个空穴（带正电），邻近的电子过来填补，导致又在邻近处形成一个新的空穴，相当于空穴在运动，称为空穴导电。这种材料称为 P 型半导体。

因为Ⅴ族元素原子可以贡献出 1 个电子参与导电，所以称这种杂质为"施主杂质"，也称为 N 型杂质；同理，Ⅲ族元素原子要接受 1 个电子才能参与导电，所以称这种杂质为"受主杂质"，也称为 P 型杂质。

3.2.4 电子、空穴的产生

半导体材料导电是由两种载流子（电子和空穴）的定向运动而实现的。在低温状态，价电子被完全束缚在原子核周围，不能在晶体中运动，这时在能带图中价带是充满的，而导带是全空的。随着温度的升高，一部分电子脱离原子核的束缚，变成自由电子，可以在整个晶体中运动，而在原来电子的位置上留下了一个电子的空位，成为空穴。

在绝对零度时，对于本征半导体而言，电子束缚在价带上，半导体材料没有自由电子和空穴，随着温度的升高，电子从热振动的晶格中吸收能量，电子从低能态跃迁到高能态，如从价带跃迁到导带，形成自由的导带电子和价带空穴。对于杂质半导体而言，除本征激发外，还有杂质的电离；在极低温时，杂质电子也束缚在杂质能级上，当温度升高，电子吸收能量后，也从低能态跃迁到高能态，产生自由的导带电子或价带空穴。因此，随着温度的升高，不断有载流子产生。

在没有外界光、电、磁等作用时，在一定温度下，从低能态跃迁到高能态的载流子也会产生相反方向的运动，即从高能态向低能态跃迁，同时释放出一定能量，称为载流子的复合。所以在一定温度下，电子、空穴不断产生的同时又不断复合，最终会达到一定的稳定状态，此时半导体处于热平衡状态。

在平衡状态下，电子不停地从价带跃迁到导带，产生电子、空穴；同时又不停地复合，从而保持总的载流子浓度不变。对于 N 型半导体，电子浓度大于空穴浓度，电子是多数载流子，空穴是少数载流子；对于 P 型半导体，空穴浓度大于电子浓度，空穴是多数载流子，电子是少数载流子。

实训三 傅里叶红外光谱仪测试硅晶体中杂质含量

1. 实验原理

当一束红外光照射分子时，分子的振动频率与红外光的某一频率相同时，分子就吸收此频率的光，发生振动能级的跃迁，产生红外吸收光谱。

2. 实验仪器

傅里叶红外光谱仪，硅片。

3. 实验步骤

(1) 开机预热 30min。

(2) 选择测试温度：300K（26.5℃）或 77K（−196.15℃）。

(3) 插入空样品架，以空气作为背景，点击采集背景按钮。

(4) 采集背景结束后，插入参比样品，输入参比样品厚度，点击采集参比样品按钮。

(5) 参比样品采集结束后，插入测试样品，输入测试样品厚度，点击采集测试样品。

（6）测试样品采集结束后，碳氧含量的结果会自动显示，用户输入打印信息，点击打印报告按钮即可。

4. 注意事项

（1）测试样品的厚度一般取 2mm 即可，所用的参比样品的厚度等于被测样品的厚度，偏差在 ±0.5% 之内。

（2）要求参比样品不含被测杂质，样品的双面抛光成镜面。

（3）傅里叶红外光谱仪是精密光学仪器，为了保证其正常发挥功能，应由专人负责日常维护、保养。任何人未经许可，不得调试该设备。

（4）傅里叶红外光谱仪务必保证在干燥环境中使用，潮湿的空气容易腐蚀其镜片。

思 考 题

1. 简述半导体杂质效应及影响。
2. 简述电子、空穴的产生。
3. 半导体的杂质相应有哪些？

模块四 热平衡状态下的载流子和非平衡状态下的载流子

4.1 热平衡状态下的载流子

一定温度下,载流子的产生和复合可以建立起动态平衡,即单位时间内产生的电子—空穴对数等于复合掉的电子—空穴对数,这种状态称为热平衡状态,此时半导体中的导电电子浓度和空穴浓度都保持一个稳定的数值。处于热平衡状态下的导电电子和空穴称为热平衡载流子。半导体的导电性与温度密切相关,这主要是由半导体中的载流子浓度随温度剧烈变化造成的。

4.1.1 费米分布函数

载流子在半导体材料中的状态一般用量子统计的方法进行研究,其中状态密度和在能级中的费米统计分布是其主要表示形式。以电子为例,在利用量子统计处理半导体中电子的状态和分布时,电子是独立体,电子之间的作用力很弱;同一体系中的电子是全同且不可分辨的,任何两个电子的交换并不引起新的微观状态;在同一个能级中的电子数不能超过2;由于电子的自旋量子数为1/2,所以每个量子态最多只能容纳一个电子。

在此基础上,电子的分布遵守费米-狄拉克分布,即能量为 E 的电子能级被一个电子占据的概率 $f(E)$ 为

$$f(E)=\frac{1}{e^{\frac{E-Ef}{kT}}+1} \tag{4-1}$$

式中,$f(E)$ 为费米分布函数;k 为玻耳兹曼常数;T 为热力学温度;E_f 为费米能级。当能量与费米能量相等时,费米分布函数为

$$f(E)=\frac{1}{e^{\frac{E-Ef}{kT}}+1}=\frac{1}{2} \tag{4-2}$$

即电子占有率为1/2的能级为费米能级。

图4-1所示为费米分布函数 $f(E)$ 随能级能量的变化情况。由图4-1可知,$f(E)$ 相对于 $E=E_f$ 是对称的。

在 $T=0K$ 时:

当 $E<E_f$ 时,$(E-E_f)<0$,则 $\frac{E-E_f}{kT} \rightarrow -\infty$,而 $e^{-\infty} \rightarrow 0$,所以 $f(E) \approx 1$

当 $E>E_f$ 时,$E-E_f>0$,则 $\frac{E-E_f}{kT} \rightarrow \infty$,而 $e^{\infty} \rightarrow \infty$,所以 $f(E) \approx 0$

这说明在绝对零度时,比 E_f 小的能级被电子占据的概率为100%,没有空的能级;而比 E_f 大的能级被电子占据的概率为零,全部能级都空着。

在 $T>0K$ 时，比 E_f 小的能级被电子占据的概率随能级升高逐渐减小，而比 E_f 大的能级被电子占据的概率随能级降低而逐渐增大。也就是说，在 E_f 附近且能量小于 E_f 的能级上的电子，吸收能量后跃迁到大于 E_f 的能级上，在原来的地方留下了空位。显然，电子从低能级跃迁到高能级，就相当于空穴从高能级跃迁到低能级；电子占据的能级越高，空穴占据的能级越低，体系的能量就越高。

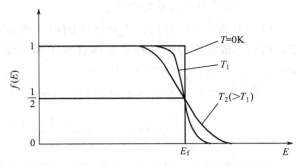

图 4-1 费米分布函数随能级能量的变化

在 $(E-E_f)\gg kT$ 时，式（4-2）为

$$f(E)\approx e^{\frac{E_f-E}{kT}} \tag{4-3}$$

此时的费米分布函数与经典的玻耳兹曼分布是一致的。

4.1.2 状态密度

将能带分为一个一个能量很小的间隔来处理，假定在能带中能量 $E\sim(E+\mathrm{d}E)$ 之间无限小的能量间隔内有 $\mathrm{d}Z$ 个量子态，则状态密度 $g(E)$ 为 $g(E)=\mathrm{d}Z/\mathrm{d}E$

也就是说，状态密度 $g(E)$ 就是在能带中能量 E 附近每单位能量间隔内的量子态数。

通过计算得到导带底附近电子的状态密度为：$g_c(E)=4\pi v\dfrac{(2m_n)^{\frac{3}{2}}}{h^3}(E-E_c)^{1/2}$

同样，对于价带顶空穴的状态密度为：$g_v(E)=4\pi v\dfrac{(2m_p)^{\frac{3}{2}}}{h^3}(E_v-E)^{1/2}$

4.1.3 导带电子浓度和价带空穴浓度

经研究和推算得到，电子在导带中的浓度为

$$n_0=N_c\exp\frac{E_f-E_c}{kT} \tag{4-4}$$

式中，E_f 为费米能级；E_c 为导带底，k 为玻耳兹曼常数；T 为热力学温度；N_c 为导带的有效状态密度，可由式（4-5）求得

$$N_c=2\frac{(2m_n\pi kT)^{\frac{3}{2}}}{h^3} \tag{4-5}$$

式（4-5）中 m_n 为电子有效质量，h 为普朗克常数。

同样，空穴价带上的浓度为

$$p_0=N_v\exp\frac{E_v-E_f}{kT} \tag{4-6}$$

式中，E_v 为价带顶；N_v 为价带的有效状态密度。

$$N_v=2\times\frac{(2\pi m_p kT)^{\frac{3}{2}}}{h^3} \tag{4-7}$$

式中，m_p 为空穴有效质量。

由以上两式可以看出，半导体中的电子浓度和空穴浓度，主要取决于温度和费米能级，而费米能级则与温度和半导体材料中的杂质类型和杂质浓度有关。对于晶体硅，在 300K 时 $N_c = N_v = 2.8 \times 10^{19}$ 个 $/cm^3$。

如果将电子浓度和空穴浓度相乘，其乘积为

$$n_0 p_0 = N_c N_v \exp\left(-\frac{E_c - E_v}{kT}\right) = N_c N_v \exp\left(-\frac{E_g}{kT}\right) \tag{4-8}$$

由此可以看出，载流子浓度的乘积仅与温度有关，而与费米能级和其他因素无关。也就是说，对于某种半导体材料而言，其禁带宽度 E_g 是一定的，在一定的温度下，热平衡的载流子浓度的乘积是一定的，与半导体的掺杂类型和掺杂浓度无关。

4.1.4 本征半导体的载流子浓度

本征半导体是指没有杂质、没有缺陷的近乎完美的单晶半导体。在绝对零度时，所有的价带都被电子占据，所有的导带都是空的，没有任何自由电子。温度升高时产生本征激发，即价带电子吸收晶格能量，从价带跃迁到导带上，成为自由电子，同时在价带中出现相等数量的空穴。由于电子、空穴是成对出现，因此，在本征半导体中，电子浓度 n_0 与空穴浓度 p_0 是相等的。如果设本征半导体载流子浓度为 n_i，则

$$n_0 p_0 = n_i^2 \tag{4-9}$$

将式 (4-8) 代入式 (4-9)，得本征半导体载流子浓度为

$$n_i = \sqrt{N_c N_v} \exp\left(-\frac{E_g}{2kT}\right) = 2\left(\frac{2\pi k}{h^2}\right)^{\frac{3}{2}} (m_n m_p)^{\frac{3}{4}} T^{\frac{3}{2}} \exp\left(-\frac{E_g}{2kT}\right) \tag{4-10}$$

由式 (4-10) 可知，n_i 是温度 T 的函数。

因为本征半导体的电子浓度和空穴浓度相等，及 $n_0 = p_0$，所以

$$N_c \exp\left(\frac{E_f - E_c}{kT}\right) = N_v \exp\left(\frac{E_v - E_f}{kT}\right) \tag{4-11}$$

经演变得到本征费米能级 E_i 为

$$E_i = E_f = \frac{E_c + E_v}{2} + \frac{3kT}{4} \ln \frac{m_p}{m_n} \tag{4-12}$$

如果电子和空穴的有效质量相等，式 (4-12) 的第二项为零，说明本征半导体的费米能级在禁带的中间。实际上，对于大部分半导体（如硅材料），电子和空穴的有效质量相差很小，而且在室温 300K 下，kT 仅约为 0.026eV，所以，式 (4-12) 第二项的值很小。因此，一般可以认为，本征半导体的费米能级位于禁带中央附近。

4.1.5 掺杂半导体的载流子浓度

本征半导体的载流子浓度仅为 10^{10} 原子 $/cm^3$ 左右，通常需要在本征半导体中掺入一定量的杂质来控制半导体的电学性能，形成杂质半导体。因为杂质的电离能比禁带宽度小得多，所以杂质的电离和半导体的本征激发就会发生在不同的温度范围。在极低温度时，

首先发生的是电子从施主能级激发到导带,或者空穴由受主能级激发到价带,随着温度升高,载流子浓度不断增大,当达到一定的浓度时,杂质达到饱和电离,即所有的杂质都电离,此时本征激发的载流子浓度依然较低,半导体的载流子浓度保持基本恒定。当温度继续升高时,本征激发的载流子大量增加,此时的载流子浓度由电离的杂质浓度和本征载流子浓度共同决定。因此,为了准确控制半导体的载流子浓度和电学性能,半导体器件包括太阳电池都工作在本征激发载流子浓度较低的非本征区,此时杂质全部电离,一般不考虑本征激发的载流子,载流子浓度主要由掺杂杂质浓度决定。

4.2 非平衡状态下的载流子

在平衡状态下,电子不停地从价带跃迁到导带,产生电子-空穴对;同时又不停地复合,从而保持总的载流子浓度不变。对于 N 型半导体,电子浓度大于空穴浓度,电子是多数载流子,空穴是少数载流子;对于 P 型半导体,空穴浓度大于电子浓度,空穴是多数载流子,电子是少数载流子。

在非平衡状态下,例如当光照在半导体上时,价带上的电子吸收能量,会跃迁到导带,产生额外的电子-空穴对,从而使载流子浓度增大,出现了比平衡状态下多的载流子,称为非平衡载流子。采用其他方法也可以在半导体中引入非平衡载流子。

对于 N 型半导体,非平衡状态下的空穴载流子是非平衡少数载流子;对于 P 型半导体,非平衡载流子中的电子为非平衡少数载流子。

4.2.1 非平衡载流子的产生与复合

当半导体被能量为 E 的光子照射时,如果 E 大于禁带宽度,那么半导体价带上的电子就会吸收光子被激发到导带上,产生新的电子-空穴对,此过程称为非平衡载流子的产生,如图 4-2 所示。

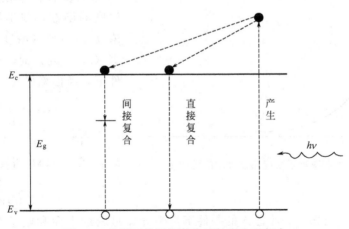

图 4-2 光照下非平衡载流子的产生和复合

非平衡载流子产生后并不稳定,要重新复合。复合时,导带上的电子首先将部分能量传递给晶格,迁移到导带底,然后从导带底跃迁到价带与空穴复合,这种复合称为直接复合。如果禁带中有缺陷能级,价带上的电子就会被激发到缺陷能级上,缺陷能级上的电子可能被激发到导带上;而复合时导带底的电子首先跃迁到缺陷能级上,然后再跃迁到价带与空穴复合，这种复合称为间接复合。

非平衡载流子复合时，会放出多余的能量。根据能量的释放方式，复合又可分成三种。

① 载流子复合时，发射光子，产生发光现象，称为辐射复合或发光复合。
② 载流子复合时，发射声子，将能量传递给晶格，产生热能，称为非辐射复合。
③ 载流子复合时，将能量传递给其他载流子，增加它们的能量，称为俄歇复合。

4.2.2 非平衡载流子的寿命

如果外界作用始终存在，非平衡载流子不断产生又不断复合，达到新的平衡。如果外界作用消失，产生的非平衡载流子会因复合而很快消失，恢复到原来的平衡态。如果我们设非平衡载流子平均存在时间为非平衡载流子的寿命，用 τ 表示。则 $1/\tau$ 就是单位时间内非平衡载流子的复合率。

以 N 型半导体为例，当光照在半导体上，产生非平衡载流子，用 Δn 和 Δp 表示，且 $\Delta n = \Delta p$。停止光照后，单位时间内非平衡载流子浓度的减少等于复合掉的非平衡载流子。即

$$\frac{d\Delta p(t)}{dt} = -\frac{\Delta p(t)}{\tau} \tag{4-13}$$

解式 (4-13) 得：

$$\Delta p(t) = (\Delta p)_0 e^{-t/\tau} \tag{4-14}$$

式中 $(\Delta p)_0$ 为 $t=0$ 时的非平衡载流子浓度。从式 (4-14) 可以看出，非平衡载流子浓度的衰减，是时间的指数函数。如图 4-3 所示。

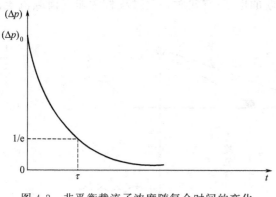

图 4-3 非平衡载流子浓度随复合时间的变化

对于直接复合而言，如果将电子-空穴复合概率设为 r，它是一个温度的函数，与半导体的原始电子浓度 n_0 和空穴浓度 p_0 无关，在 $\Delta p \ll (n_0 + p_0)$ 时，即在小注入的条件下，经推算得到

$$\tau = \frac{1}{r(n_0 + p_0)} \tag{4-15}$$

如果是 N 型半导体，则 $n_0 \gg p_0$，式 (4-15) 可写为

$$\tau = \frac{1}{rn_0} \tag{4-16}$$

从式 (4-16) 可知，在小注入的条件下，半导体材料的寿命和电子-空穴对的复合概率成反比，与原始电子浓度也成反比。在温度和载流子浓度一定的情况下，寿命是一个恒定值。

实训四 采用少子寿命仪测量硅片的少子寿命

1. 测试原理

利用电脉冲或光脉冲（闪光）的方法，从半导体内激发非平衡载流子，调节了半导体

的体电阻，电导率增加，样品的电阻减小，因此样品上流过的高频电流的幅值增加，通过测量体电阻或串联电阻两端电压的变化规律来观察半导体材料中的非平衡少数载流子的衰减规律，从而测定其寿命。

2. 实验仪器

示波器、少子寿命仪、硅片

3. 实验步骤

（1）开机前检查电源开关是否处于关断状态："0"处于低位，"I"在高位，在关断状态下，将寿命仪信号输出端和示波器通道 1（CH1）的信号线连接起来。拧紧寿命仪背板的保险管帽，插好电源线。

（2）打开寿命仪电源开关。即将电源开关"I"按下，开关指示灯亮。先在电极尖端点上两滴自来水，后将单晶放在电极上准备测量。

（3）开启脉冲光源开关。光脉冲发生器为双电源供电，先按下光源开关"I"。再顺时针方向拧响带开关电位器（光强调节），测量时要满足小注入条件，所以选择光的强度要小，这样测试结果更准确。

（4）开启示波器电源，选用适当的微调扫描旋钮"t/div"及微调"v/div"，使曲线平稳，信噪比尽可能小。

（5）旋转 X 轴水平位移"⇌"旋钮，使曲线与 Y 轴相交于一个最高点；旋转 Y 轴垂直位移旋钮，使曲线与 X 轴基线接近重合。此时示波器上图形如图 4-4 所示。

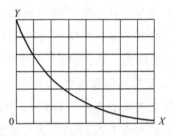

图 4-4　示波器上的图形

（6）在此曲线上找到两点，第一点是曲线的最大值位置，第二点的高度是第一点高度的 $1/e$，读出这两点水平方向上的距离 L，就可求出少子的寿命。

4. 注意事项

特别要注意的是光强调节开关开启后，红外发光管已通入很大的脉冲电流，此时切勿再关或开光源开关，以免损坏昂贵的发光管。只有光强调节电位器逆时针旋转到关断状态（会听到响声）再关或开光源开关。

思 考 题

1. 非平衡载流子的复合可分为几种？
2. 掺杂半导体的型号和载流子浓度由什么决定？
3. 什么是杂质的补偿？

模块五 P-N结

5.1 P-N结的形成

P-N结是由载流子的扩散运动和漂移运动共同作用而形成的。

5.1.1 载流子的扩散运动

打开香水瓶盖，气味会迅速蔓延整个空间，这是扩散的典型例子。只要微观粒子在各处的浓度不均匀，就可以由浓度高的地方向浓度低的地方扩散。分子、原子、电子等微观粒子在气体、液体、固体中都可以产生扩散运动。在半导体中，载流子会因浓度梯度作用产生扩散。

无论是 N 型半导体材料还是 P 型半导体材料，当它们独立存在时，都是电中性的，当两种半导体材料连接在一起时，对 N 型半导体而言，电子是多数载流子，浓度高；而在 P 型半导体中电子是少数载流子，浓度低。由于浓度梯度的存在，电子势必从高浓度向低浓度扩散，即从 N 型半导体向 P 型半导体扩散。在界面附近，N 型半导体的电子浓度逐渐降低，而扩散到 P 型半导体中的电子和 P 型半导体中的空穴复合而消失。因此，在 N 型半导体靠近界面附近，由于电子浓度降低，出现了正电荷区域。在 P 型半导体中，由于空穴从 P 型半导体向 N 型半导体扩散，在靠近界面附近，出现了负电荷区域。此两种区域称为 P-N 结的空间电荷区，如图 5-1 所示。

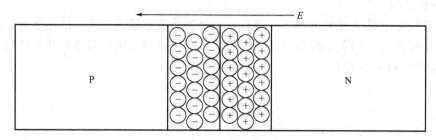

图 5-1 P-N结的空间电荷区

5.1.2 载流子的飘移运动

空间电荷区中存在着正负电荷区，形成了一个从 N 型半导体指向 P 型半导体的电场，称为内建电场。随着载流子扩散的进行，空间电荷区不断扩大，空间电荷量不断增加，内建电场的强度也不断增强。在内建电场力的作用下，载流子受到扩散方向相反的力，产生漂移。在没有外电场的情况下，电子的扩散与电子的漂移最终会达到平衡，此时 P-N 结处于热平衡状态。从宏观上看，在空间电荷区，既没有电子的扩散和漂移，也没有空穴的扩散和漂移，此时空间电荷区宽度一定，空间电荷量一定。

5.2　P-N结的制备及杂质分布图

在一块N型（P型）半导体晶体上，掺入P型（或N型）杂质，就会形成P型（或N型）区域，利用掺杂工艺，使不同区域分别具有N型或P型的导电类型，在二者的交界处有一层很薄的过渡区域，就是PN结（又写作P-N结）。

由于形成P-N结的方法及工艺不同，P-N结附近的杂质浓度的分布不同，如果杂质浓度的变化曲线是陡直的，这种P-N结就称为突变结；如果是呈线性缓慢变化的，这种P-N结就称为线性缓变结。如图5-2所示。

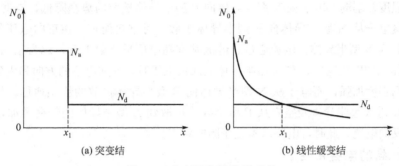

图 5-2　突变结和线性缓变结

（1）合金法

合金法是指在一种半导体晶体上放置金属或半导体元素，通过加温等工艺形成P-N结。如将铝放在N型锗上，加温到500～600℃，铝熔化成液体，而在两者界面处的锗原子会熔入铝液体，在锗单晶的表面处形成一层合金液体，使锗在其中的浓度达到饱和；然后降低温度，合金液体和铝液体重新结晶，这时合金液体将会结晶成含铝的P型锗单晶，与N型的锗单晶形成P-N结。

（2）扩散法

扩散法是指在N型或P型半导体材料中，利用扩散工艺掺入相反型号的杂质，在局部区域形成与基体材料相反型号的半导体，从而构成P-N结。

（3）离子注入法

离子注入法是将N型或P型掺杂剂的离子束在静电场中加速，注入P型或N型半导体表面区域，在表明形成与基体型号相反的半导体，从而形成P-N结。

（4）薄膜生长法

薄膜生长法是在N型或P型半导体材料表面，通过气相、液相等外延技术，生长一层具有相反导电类型的半导体薄膜，在两者的界面处形成P-N结。

5.3　P-N结的能带结构及接触电势

由于载流子的扩散和漂移，导致空间电荷区和内建电场的存在，引起该部位的相关空穴势能或电子势能的改变，最终改变了P-N结处的能带结构。内建电场是从N型半导体指向P型半导体的，因此沿着电场方向，电场是从N型半导体到P型半导体逐渐降低，带正电的空穴的势能也逐渐降低，而带负电的电子的势能则逐渐升高。也就是说，空穴在N型半导体势能高，在P型半导体势能低。如果空穴从P型半导体移动到N型半导体，需要克服一个内建电场形成的势垒；电子在P型半导体势能高，在N型半导体势能低，如果从N型半导移动到P型半导体，也需要克服一个内建电场形成的势垒。

5.4　P-N结的特性

5.4.1　P-N结的电流电压特性

当P型半导体接正电压，N型半导体接负电压时，外加电场的方向和内建电场方向相反，内建电场的强度被削弱，电子从N型半导体向P型半导体扩散的势垒降低，空间电荷区变窄，从而导致大量电子从N型半导体向P型半导体扩散；对空穴而言，在正向电压作用下，从P型半导体扩散到N型半导体，电流通过。电流基本随电压呈指数上升，成为正向电流。反之，当P型半导体上加以负电压，在N型半导体上加正电压时，外加电场的方向和内建电场方向一致，内建电场强度加强，而电子从N型半导体向P型半导体扩散的势垒增加，导致电子从P型半导体漂移到N型半导体及空穴从P型半导体扩散到N型半导体的势垒增加，通过的电流很小，称为反向电流。此时，电路基本处于阻断状态。

5.4.2　P-N结的电容特性

PN结除了具有单向导电性外，还有一定的电容效应。按产生电容的原因可分为以下几种。

（1）势垒电容

势垒电容是由空间电荷区的离子薄层形成的。当外加电压使PN结上压降发生变化时，离子薄层的厚度也相应地随之改变，这相当PN结中存储的电荷量也随之变化，犹如电容的充放电。

（2）扩散电容

扩散电容是由多子扩散后，在PN结的另一侧面积累而形成的。因PN结正偏时，由N区扩散到P区的电子，与外电源提供的空穴相复合，形成正向电流。刚扩散过来的电子就堆积在P区内紧靠PN结的附近，形成一定的多子浓度梯度分布曲线。反之，由P区扩散到N区的空穴，在N区内也形成类似的浓度梯度分布曲线。当外加正向电压不同时，扩散电流即外电路电流的大小也就不同。所以PN结两侧堆积的多子的浓度梯度分布也不同，这就相当电容的充放电过程。势垒电容和扩散电容均是非线性电容。PN结在反偏时主要考虑势垒电容。PN结在正偏时主要考虑扩散电容。

5.4.3　P-N结的击穿效应

当加在PN结上的反向电压增加到一定数值时，反向电流突然急剧增大，PN结产生电击穿，发生击穿时的反向偏压为PN结的击穿电压。

（1）雪崩击穿

在外加较高的反向偏压的情况下，由于外界电压实际上全部降落在势垒区上，因此空间电荷区上存在着很强的电场。在势垒区里本征激发的载流子会构成反向电流的电子和空穴，当其通过势垒区时，都要受到电场的加速，具有很大的能量，这些高速运动的载流子在与晶格碰撞时就会把能量交给晶格，足以把满带的电子激发到导带中去。或者说，他们与硅晶格结点上的原子发生碰撞时，会破坏一个共价键，撞击一个电子，从而产生一个新的电子-空穴对,于是一个载流子就变成了 3 个载流子。这 3 个载流子在强电场的加速下,继续去碰撞产生第三代的电子-空穴对。空穴也是这样,碰撞产生第二代,第三代……这种现象称为倍增效应,这样的过程继续进行下去,会引起电子-空穴流在数量上的大大增加。当外加电压再继续增大时,反向电流猛然增加,引起 PN 结的击穿,这种击穿称为雪崩击穿。

(2) 隧道击穿

隧道击穿是由电子穿透隧道而引起电流增加所造成的击穿。因为最初是呈现电介质击穿现象的,所以又称为齐纳击穿。

一般 PN 结掺杂程度没有像隧道结那样强,因此外加正向电压时不会出现隧道效应,而在反向电压较低时,掺杂浓度较隧道结为低,势垒厚度较隧道结大,势垒区电场较弱,隧道宽度较大,也不会产生隧道效应。但随着反向电压的增加,势垒区电场增强。隧道宽度减小,当反向电压达到一定数值,隧道宽度减小到可以使电子有一定的概率穿越隧道时,就会有相当多的 P 区价带电子穿越禁带跑到 N 区导带中去,产生相当大的反向电流,于是就出现了击穿,称为隧道击穿。

5.4.4 P-N 结的光伏效应

当光照在 P-N 结上,那些能量大于禁带宽度 E_g 的光子被吸收后,产生电子-空穴对,即产生非平衡载流子。在 P-N 结内建电场的作用下,空穴向 P 型区漂移,电子向 N 型区漂移,形成光生电动势或光生电场,从而降低了内建电场的势垒,相当于在 P 型区上加了正向电压,在 N 型区上加了负向电压。在外电路未接通时,光生载流子只形成电动势。外电路接通后,外电路上就会产生由 P 型流向 N 型的电流和功率。这就是太阳能电池的基本原理。

思 考 题

1. 绘制 P-N 结光伏效应原理图。
2. 简述 P-N 结的特性及形成过程。

下篇 光伏材料化学实用基础篇

模块六 光伏材料化学特性

6.1 硅及其重要化合物

6.1.1 硅

硅在地球上含量仅次于氧,位居第二位。硅是构成矿石和岩石的重要元素。在自然界中无游离态的硅,主要以硅酸盐和硅石(即砂子,主要成分是二氧化硅)的形式存在。

硅是元素周期表中的第Ⅳ元素。硅原子的最外层电子层具有:$3s^2 3p^2$ 构型,因此与其他元素化合时其特征价态为 4 价。硅的化合物主要是共价化合物。

在常温下,固体硅有无定形和结晶形之分。无定形硅中的硅原子的排列是无序的、无规则的;结晶形成的硅从外观来看,是一种银灰色的固体,带有金属光泽,质硬而脆。

晶体硅分为单晶体和多晶体两种。在单晶体中,所有原子都按一定规律整齐地排列;多晶体则是由许多取向不同的小粒单晶杂乱排列而成的。单晶硅的晶体结构与金刚石完全相似,如图 6-1 所示。每个硅原子和邻近的四个硅原子以共价键结合,组成一个正四面体,而任意一个硅原子都可以看成是位于正四面体的中心,如图 6-2 所示。每两个相邻原子之间的距离是 0.235nm。

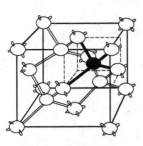

图 6-1 金刚石结构

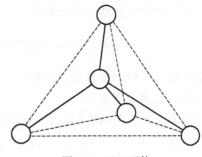

图 6-2 正四面体

为方便起见,可把硅的共价键结构由立体的形式改画成平面图。在平面示意图中,原子之间的共价键用两条平行线表示,如图 6-3 所示。

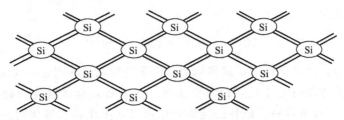

图 6.3 硅的共价键结构示意图

硅的化学活动性与温度有关。在常温下,硅的化学性质稳定,它仅能与氟发生作用,生成四氟化硅。高温下硅能与氯、氧、水蒸气等作用，生成四氯化硅或二氧化硅。在半导体材料生产中利用硅在 450～500℃下与氯作用来制备重要原料四氯化硅，其反应式为

$$Si + 2Cl_2 \xrightarrow{450\sim500℃} SiCl_4$$

硅在高温下与氧、水蒸气作用生成二氧化硅，其反应式为

$$Si + O_2 \xrightarrow{1050\sim1150℃} SiO_2$$

$$Si + 2H_2O \xrightarrow{1050\sim1150℃} SiO_2 + 2H_2 \uparrow$$

在更高温下，硅还能与氮、碳等反应：

$$3Si + 2N_2 \xrightarrow{1400℃} Si_3N_4$$

$$SiO_2 + 3C \xrightarrow{>1900℃} SiC + 2CO \uparrow$$

制备多晶或拉制单晶硅时必须在氢气气氛或真空条件下进行，不能用氮作保护气，更不能与氧接触。因为在高温下石墨将与熔融状态的硅反应生成碳化硅，所以拉单晶也不能用石墨坩埚，而多用石英坩埚，且石英坩埚纯度要高，否则在高温下杂质将与硅反应而影响硅的纯度。

硅能溶解在氢氟酸和浓硝酸的混合溶液中，其总反应式为

$$Si + 4HNO_3 + 6HF = H_2[SiF_6] + 4NO_2 \uparrow + 4H_2O$$

在反应中，硝酸起氧化剂的作用，而氢氟酸则起络合剂的作用。因此硝酸—氢氟酸混合酸可作硅的腐蚀液。

在常温下硅能与碱作用生成对应的硅酸盐，并放出氢气，其反应式为

$$Si + 2NaOH + H_2O = Na_2SiO_3 + 2H_2 \uparrow$$

因此，10%～30%的 NaOH 溶液可作为硅的腐蚀液。

硅能与 Cu^{2+}、Pb^{2+}、Ag^+、Hg^{2+} 等金属离子发生置换反应，因此硅能从这些金属离子的盐溶液中置换出金属。例如，硅能从铜盐（如硝酸铜或硫酸铜）溶液中将金属铜置换出来，其反应式为

$$2Cu^{2+} + Si = 2Cu \downarrow + Si^{4+}$$

硅器件生产中，磨角染色法结深和铜离子化学抛光就是利用这一反应进行的。

生产多晶硅的方法有几十种，但不管是哪一种方法，都是首先由硅石（SiO_2）制得工业硅（粗硅），再制成容易合成和提纯的硅化物（如卤化物、氢化物及其衍生物）作为中间产物，再经过物理提纯和化学提纯，最大限度地除去其中可能存在的杂质，然后采用高纯氢气还原或热分解，就可获得高纯度的多晶硅。

三氯氢硅（$SiHCl_3$）氢还原法具有生产效率高，生产周期短等优点，是目前工业上

应用最广泛的一种生产多晶硅方法。此外，目前认为有发展前途的方法是硅烷热分解法。

硅石（SiO_2）和适量的焦炭混合，并在电炉内加热至 1600～1800℃，可制得纯度为 95%～99% 的粗硅。其反应式为

$$SiO_2 + 3C \xrightarrow{1600\sim1800℃} SiC + 2CO \uparrow$$

$$2SiC + SiO_2 \xrightarrow{1600\sim1800℃} 3Si + 2CO \uparrow$$

总反应式为

$$SiO_2 + 2C \xrightarrow{1600\sim1800℃} Si + 2CO \uparrow$$

生成的硅由电炉底部放出，浇铸成锭。用此法生产的粗硅经处理后其纯度可达到 99.9%。

三氯氢硅是由干燥的氯化氢气体和粗硅粉在合成炉中（250℃以上）进行合成的，其主要反应式如下。

$$Si + 3HCl \xrightarrow{250\sim300℃} SiHCl_3 + H_2 \uparrow$$

由合成炉中得到的三氯氢硅往往混有硼、磷、砷、铝等杂质，尤其是硼和磷比较难以除去，并且它们是有害杂质，对单晶硅质量影响极大，必须设法除去。

三氯氢硅沸点低，易燃易爆，全部操作要在低温下进行，一般操作环境温度不得越过 25℃，并且整个过程严禁接触火星，以免发生爆炸性的燃烧。

将纯三氯氢硅和高纯氢混合后，通入 1150℃ 还原炉内进行反应，即可得到硅，其主要的化学反应式为

$$SiHCl_3 + H_2 \xrightarrow{1100\sim1200℃} Si + 3HCl$$

硅烷热分解法是将硅烷气体导入硅烷分解炉，在 800～900℃ 的硅芯上，硅烷即分解并沉积出高纯多晶硅，其反应式为

$$SiH_4 \xrightarrow{800\sim900℃} Si + 2H_2 \uparrow$$

硅烷热分解法有如下优点。

① 分解过程不加还原剂，因而不存在还原剂的沾污。

② 硅烷纯度高。在硅烷合成过程中，就已有效地去除金属杂质。尤其可贵的是因为氨对硼氢化合物有强烈的络合作用，能除去硅中最难以分离的有害杂质硼。

③ 硅烷分解温度一般为 800～900℃，远低于其他方法，因此由高温挥发或扩散引入的杂质就少。同时，硅烷的分解产物都没有腐蚀性，从而避免了对设备的腐蚀以及硅受腐蚀而被沾污的现象。而四氯化硅或三氯氢硅氢气还原法都会产生强腐蚀性的氯化氢气体。

尽管带硅材料可以省去材料切割加工等工艺，减少因切割而损耗的硅材料，但是带硅材料的厚度一般为 200～300μm，仍然需要耗费大量的硅材料。对于晶体硅太阳能电池而言，晶体硅吸收层厚仅需 25μm 左右就足以吸收大部分的太阳光，而其余厚度的硅材料主

要起支撑电池的作用，如果硅材料的厚度太薄，很显然在硅片的加工和电池的制备过程中，容易碎裂，而使生产成本增加。但如果硅材料的厚度太厚，一是浪费材料，增加成本；二是 P-N 结产生的光生载流子需要经过更长距离的扩散，这部分材料中的缺陷和杂质会造成少数载流子更多的复合，最终也就降低了电池的光电转换效率。因此，人们一方面不断改善工艺，降低晶体硅的硅片厚度，目前普遍采用 $200\mu m$ 厚的硅片；另一方面，人们希望能利用沉积在廉价衬底上的薄膜硅材料进行电池生产，非晶硅就是其中重要的一种。

早在 20 世纪 60 年代，人们就开始了对非晶硅的基础研究，70 年代非晶硅就开始将其用作太阳能电池材料。目前世界上非晶硅太阳能电池的总组件生产能力达到每年 50MW 以上，应用范围小到手表、计算器电源，大到 10MW 级的独立电站，对光伏产业的发展起到了重要的推动作用。

非晶硅的电子跃迁过程不受动量守恒定律的限制，可以比晶体硅更有效地吸收光子。在可见光范围内，其光吸收系数比晶体硅高 1 个数量级左右，也就是说，对于非晶硅材料，厚度小于 $1\mu m$ 就能较充分吸收太阳光能，其厚度只有晶体硅片厚度的 1%，材料成本可以大幅度降低。

非晶硅没有块体材料，只有薄膜材料，所以非晶硅一般是指薄膜非晶硅或非晶硅薄膜。与晶体硅相比，非晶硅薄膜具有制备工艺简单、成本低、可大面积连续生产等优点。

在制备非晶硅薄膜时，只要改变原材料的气相成分或气体流量，便可使非晶硅薄膜改性，并且根据器件功率、输出电压和输出电流的要求，可以方便地制作出适合不同需求的多品种产品。

非晶硅可以制备在柔性的衬底上，而且其硅原子网络结构的力学性能特殊，因此，它可以制备成轻型、柔性太阳能电池，易于与建筑物集成。

与晶体硅相比，非晶硅薄膜太阳能电池的效率相对较低，在实际生产线中，非晶硅薄膜太阳能电池的效率不超过 10%；非晶硅薄膜太阳能电池的光电转化效率在太阳光的长期照射下有较明显的衰减，这个问题到目前为止仍然未根本解决。所以，非晶硅薄膜太阳能电池主要应用于计算器、手表、玩具等小功耗器件中。

非晶硅的最基本特征是原子排列的特殊性，呈现短程有序、长程无序的特点，是一种共价无规的网络原子结构。即对一个单独的硅原子而言，其周围与单晶硅中的硅原子一样，由 4 个硅原子组成共价键，在其近邻的原子也有规则排列，但更远一些的硅原子，其排列就没有规律了。

正是由于非晶硅的结构特点，与晶体硅相比，非晶硅薄膜具有下述基本特征和性质。

① 晶体硅的原子是在三维空间上周期性、有规则的重复排列，具有原子长程有序的特点；而非晶硅的原子在数纳米甚至更小的范围内呈有限的短程周期性的重复排列，而从长程结构来看原子排列是无序的。

② 晶体硅由连续的共价键组成，而非晶硅虽然也是由共价键组成的，价电子被束缚在共价键中，满足外层 8 电子稳定结构的要求，而且每个原子都具有 4 个共价键，呈四面体结构但是其共价键呈现连续的无规则的网络结构。

③ 硅单晶的物理性质是各向异性，即在各个晶向其物理特性有微小差异；而多晶硅、

微晶硅、纳米硅的晶向呈多向性，其物理特性是各向同性；非晶硅的结构也决定了其物理性质具有各向同性。

④从能带结构上看，非晶硅的能带不仅有导带、价带和禁带，而且有导带尾带、价带尾带，其缺陷在能带中引入的能级也比晶体硅中显著，如硅中含有大量的悬挂键，会在禁带中引入深能级，这取决于非晶硅结构的无序程度。其电子输送性质也与晶体硅有区别，出现了跃迁导电机制，电子和空穴的迁移率很小。对电子而言，只有 $1cm^2/(V·s)$；对空穴而言，约为 $0.1cm^2/(V·s)$。

⑤晶体硅为间接带隙结构，而非晶硅为准直接带隙结构，所以，非晶硅的光吸收系数大，而且带隙宽度也不是晶体硅的 1.12eV，氢化非晶硅薄膜的带隙宽度为 1.7eV。并且，非晶硅的带隙宽度可以通过不同的合金连续可调，其变化范围为 1.4~2.0eV。

⑥非晶硅的特性取决于制备技术，通过改变合金组分和掺杂浓度，非晶硅的密度、电导率、能隙等性质可以连续变化和调整，易于实现新性能材料的开发和优化。

⑦非晶硅比晶体硅具有更高的晶格势能，因此在热力学上处于亚稳状态，在适合的热处理条件下，非晶硅可以转化为多晶硅、微晶硅和纳米硅。实际上，后者的制备常常通过非晶硅的晶化而得到。

多晶硅薄膜是生长在不同非硅衬底材料上的晶体硅薄膜，它是由众多大小不一且晶向不同的细小硅晶粒组成的，直径一般为几百纳米到几十微米。它与铸造多晶硅材料相似，具有晶体硅的基本性质。

由于多晶硅薄膜具有与单晶硅相同的电学性能，在 20 世纪 70 年代，人们利用它代替金属铝作为 MOS 场效应晶体管的栅极材料，后来又作为绝缘隔离、发射极材料，在集成电路工艺中大量应用。人们还发现，大晶粒的多晶硅薄膜具有与单晶硅相似的高迁移率，可以做成大面积、具有快速响应特性的场效应薄膜晶体管、传感器等光电器件，于是多晶硅薄膜在大阵列液晶显示领域得到广泛应用。

多晶硅薄膜不仅对长波光线具有高敏感性，而且对可见光有很高的吸收系数；同时也具有与晶体硅相同的光稳定性，不会产生非晶硅的光致衰减效应；而且多晶硅薄膜与非晶硅一样，具有低成本、大面积和制备简单的优势。

凡是制备固态薄膜的技术，如真空蒸发、溅射、电化学沉积、化学气相沉积、液相外延和分子束外延等，都可以用来制备多晶硅薄膜。

液相外延是一种重要的制备多晶硅薄膜的技术。将衬底浸入低熔点的硅金属合金（如 Cu，Al，Sn，In 等）熔体中，通过降低温度使硅在合金熔体中处于过饱和状态，然后作为第二相析出在衬底上，形成多晶硅薄膜。合金熔体的温度一般为 800~1000℃，薄膜的沉积速率从每分钟数微米到每小时数微米。目前，液相外延生长用的衬底一般是硅材料。液相外延制备多晶硅薄膜时生长速率慢，因此薄膜的晶体质量好、缺陷少，晶界的复合能力低，少数载流子的迁移率仅次于晶体硅，可以用于制备高效率的薄膜电池。液相生长还可以方便地掺杂，通过在不同的生长室中进行分层液相外延并掺入不同的掺杂剂，就可以形成 P-N 结。但是液相外延制备多晶硅薄膜的生产效率较低，不适于大规模工业化生产。

6.1.2 二氧化硅

硅的正常氧化物是二氧化硅（SiO_2）。二氧化硅又名硅石或硅酸酐。自然界中的二氧化硅主要以石英矿的形式存在。

纯净的二氧化硅是无色的固体，熔点高达1713℃。二氧化硅的化学性质稳定，不溶于水，氢氟酸是唯一可使它溶解的酸，因此只能用氢氟酸来腐蚀二氧化硅膜。

二氧化硅作为硅酸酐可与碱作用生成相应的硅酸盐，其反应式为

$$SiO_2 + 2NaOH = Na_2SiO_3 + H_2O$$

二氧化硅与碱或碳酸钠共熔也可生成对应的硅酸盐：

$$NaOH + SiO_2 \xrightarrow{共熔} Na_2SiO_3 + H_2O$$

$$Na_2CO_3 + SiO_2 \xrightarrow{共熔} Na_2SiO_3 + CO_2 \uparrow$$

此外，二氧化硅在高温下可被活泼的金属或非金属还原：

$$SiO_2 + 2Mg \xrightarrow{高温} Si + 2MgO$$

$$3SiO_2 + 4Al \xrightarrow{高温} 3Si + 2Al_2O_3$$

$$SiO_2 + 2C \xrightarrow{高温} Si + 2CO$$

石英玻璃的成分几乎是纯的二氧化硅。石英玻璃的最大优点是膨胀系数非常小，约比普通玻璃小15倍，而且几乎不随温度而变。因此，即使将它加热至白热，随即投入冷水中也不至于破裂。石英玻璃烧到1400℃也不发软，而普通玻璃加热至600～900℃即软化。而且石英玻璃化学稳定性好，水和酸（除氢氟酸和磷酸外）对石英玻璃都不起作用，只有强碱能腐蚀它。温度在260℃以上二氧化硅和磷酸才能发生作用，其反应式如下：

$$SiO_2 + 2H_3PO_4 = \underset{(焦磷酸硅)}{SiP_2O_7} + 3H_2O$$

石英玻璃透光强，除可见光外，紫外线也可透过。正因为石英玻璃有这些优点，半导体器件生产中常用它作各种高温或常温玻璃器皿，但是它也有两大缺点：一是脆；二是失透，即若使用不当，会很快失去透明度。

6.1.3 氮化硅

氮化硅熔点高、硬度大、化学性质稳定。对半导体器件来说，用氮化硅在某些方面比二氧化硅更为优越。例如，氮化硅对杂质的掩蔽能力很强，在硅片表面上淀积一层氮化硅时，不仅能掩蔽硼、磷、砷、锑等杂质的扩散，还能掩蔽二氧化硅不能掩蔽的杂质，如镓、锌、氧等。另外，氮化硅的介电常数较二氧化硅高，且对沾污的钠离子等有很强的阻挡作用。氮化硅目前主要用来作为器件的钝化层，即在硅片上淀积一薄层氮化硅，将器件保护起来，以提高器件的可靠性和稳定性。

6.1.4 碳化硅

碳化硅又叫金刚砂，将二氧化硅与碳在电炉内加热1900℃以上即可制得，其反应

式为

$$SiO_2 + 3C \xrightarrow{>1900℃} \underset{(硫化硅)}{SiC} + 2CO \uparrow$$

纯净的金刚砂是无色晶体，硬度大（仅次于金刚石），化学性质很稳定，即使在高温下也不与氯、氧、硫及发烟硝酸、氢氟酸等作用（浓 HF 和 HNO_3 的混合酸除外），但能被熔融的碱分解，其反应式如下：

$$SiC + 4NaOH + 3O_2 = Na_2SiO_3 + Na_2CO_3 + 2H_2O$$

碳化硅的晶体结构与金刚石大致相同，将金刚石晶体内半数的碳原子换上硅原子即得碳化硅晶体。

碳化硅是优质的磨料，在生产中用的各种型号的金刚砂磨料就是粒度不同的碳化硅。

6.1.5 四氯化硅

四氯化硅是无色透明的油状液体，不纯的略带黄色，相对密度为 1.48，沸点为 57.6℃，凝固点为 -70℃，有刺鼻臭味，有毒性（但比 CCl_4 的毒性小），易挥发，易气化，并能通过简单的精馏方法得到精制品。它是制备高纯硅时的一种重要的中间产物，也是硅外延生长的原料。

四氯化硅在潮湿的空气中也会发生水解，并生成大量的盐酸烟雾。因此使用四氯化硅的系统要密封、干燥，否则，四氯化硅会发生水解而影响生产。生产中常用蘸有氨水的玻璃棒来检查有四氯化硅的系统是否漏气，因为四氯化硅水解生成的氯化氢与氨能化合成烟雾更浓的氯化铵：

$$HCl + NH_3 = NH_4Cl$$

四氯化硅在高温下能被锌、氢还原成硅，其反应式为

$$SiCl_4 + 2Zn \xrightarrow{高温} Si + 2ZnCl_2$$

$$SiCl_4 + 2H_2 \xrightarrow{高温} Si + 4HCl \uparrow$$

由于四氯化硅和氢气纯度很高，因此可用四氯化硅氢气还原法制取高纯硅。由于此反应比较稳定且易控制，所以被硅外延工艺所采用，用氢气把纯四氯化硅蒸气带到高温（1200℃）单晶硅片上，使之发生气相反应：

$$SiCl_4 + 2H_2 \xrightarrow{1200℃} Si + 4HCl \uparrow$$

被还原出来的硅淀积在单晶硅片上，外延生长出单晶硅层。该法也可用于多晶硅的制备。

6.1.6 三氯氢硅

三氯氢硅（$SiHCl_3$）又称三氯硅烷或硅氯仿，结构式为：

$$\begin{array}{c} Cl \\ | \\ Cl-Si-H \\ | \\ Cl \end{array}$$

常温下三氯氢硅是无色透明液体，相对密度为1.35，沸点为31.5℃，凝固点为−128.2℃，极易挥发气化，它的蒸气遇氧易燃和爆炸，燃烧时产生氯化氢和氯，具有一定的毒性。

三氯氢硅的水解能力比四氯化硅强，它在空气中发生水解而冒烟，反应式如下：

$$4SiHCl_3 + 6H_2O + O_2 = 4SiO_2 + 12HCl + 2H_2$$

水解时会放热，对皮肤和眼睛有一定的烧伤作用。三氯氢硅蒸气对呼吸器官、皮肤和眼睛都有刺激作用。

三氯氢硅比四氯化硅易被氢气还原，生成硅和氯化氢：

$$SiHCl_3 + H_2 \xrightarrow{1100 \sim 1200℃} Si + 3HCl \uparrow$$

由于还原沉积速度快，反应温度低，目前多用三氯氢硅来制取多晶硅。

6.1.7 硅酸

盐酸与水玻璃（Na_2SiO_3）作用可得到硅酸（H_2SiO_3），反应式如下：

$$Na_2SiO_3 + 2HCl = H_2SiO_3 + 2NaCl$$

硅酸是一种极弱的酸，由于酸性极弱，溶解度又很小，因此即使是很弱的酸（如碳酸）也能与可溶性的硅酸盐溶液反应生成硅酸，所生成的硅酸一般并不立即沉淀，而是暂存于溶液中，经过一定时间才发生凝聚，胶状的硅酸沉淀就从溶液中析出，这种沉淀物经干燥和适当的脱水处理，即得硅胶。硅胶是脱水不完全的硅酸，化学式为$SiO_2 \cdot nH_2O$，它是一种白色透明的固体物质，具有高度的多孔性，其内表面很大（每克硅胶的内表面可大至八、九百平方米），因此硅胶有很强的吸附性能，所以被用作吸附剂。

6.1.8 硅烷

由硅和氢两种元素组成的化合物，如甲硅烷、乙硅烷、丙硅烷总称为硅烷（通式为Si_nH_{2n+2}）。三氯甲硅烷、四氯化硅、甲硅醇等可看作是硅烷的衍生物。有机硅化合物一般可看作是硅烷的烷基衍生物。

硅烷在常温下是无色气体，沸点为−112℃，凝固点为−185℃，相对密度为0.68，有毒，吸入人体后会引起头晕、呕吐等，硅烷一遇空气即可自燃或爆炸，其反应式如下：

$$SiH_4 + 2O_2 \xrightarrow{自燃} SiO_2 + 2H_2O$$

利用上述反应可在硅片上淀积一层二氧化硅。

硅烷在600℃以上就能发生热分解，生成硅和氢气：

$$SiH_4 \xrightarrow{>600℃} Si + 2H_2 \uparrow$$

这是一种制取多晶硅的新工艺原理。硅烷热分解也可用于外延生长。

硅化镁热分解生成硅烷是目前工业上广泛采用的方法。硅化镁是将硅粉和镁粉在氢气或真空中加热到500～550℃混合合成的，其反应式如下：

$$2Mg + Si \xrightarrow[500 \sim 550℃]{真空} Mg_2Si$$

然后使硅化镁和固体氯化铵在液氨介质中反应而得到硅烷：

$$Mg_2Si + 4NH_4Cl \xrightarrow[-33℃]{液氨} SiH_4\uparrow + 2MgCl_2 + 4NH_3\uparrow$$

其中液氨不仅是介质，而且它还提供了一个低温的环境，这样所得的硅烷比较纯。但在实际生产中尚有未反应的镁存在，所以会发生如下的副反应：

$$Mg + 2NH_4Cl \xrightarrow{液氨} MgCl_2 + 2NH_3\uparrow + H_2\uparrow$$

所以生成的硅烷气体中往往混有氢气。

生产中所用的氯化铵一定要干燥，否则硅化镁与水作用生成的产物不是硅烷，而是氢气，其反应式如下：

$$2Mg_2Si + 8NH_4Cl + 3H_2O = 4MgCl_2 + Si_2H_2O_3 + 8NH_3\uparrow + 6H_2\uparrow$$

由于硅烷在空气中易燃，浓度高时容易发生爆炸，因此，整个系统必须与氧隔绝，严禁外界空气与它接触。

6.1.9 锗

锗在自然界极为分散，几乎所有的岩石和矿物都含有微量锗，而世界上真正的锗矿却极为少见，大部分锗都是从含锗的煤灰、煤油及氨水中提取出来的。

将二氧化锗与浓盐酸在110℃以下进行氯化即可得到四氯化锗（$GeCl_4$），主要反应式如下：

$$GeO_2 + 4HCl \xrightarrow{<110℃} GeCl_4\uparrow + 2H_2O$$

锗的卤化物有强烈的水解倾向，所以经蒸馏提纯的四氯化锗，与纯水作用发生水解即可生成纯二氧化锗，水解反应如下：

$$GeCl_4 + 2H_2O = GeO_2 + 4HCl$$

将水解所得纯二氧化锗冲洗、烘干，再用纯氢还原即可得到纯锗。其反应式如下：

$$GeO_2 + 2H_2 \xrightarrow{600\sim650℃} Ge + 2H_2O$$

6.2 GaAs

砷化镓是具有金属光泽，质硬而脆的灰白色化合物半导体，熔点为1237℃。砷化镓晶体具有闪锌矿型结构，与硅、锗的金刚石结构相类似，配位数也是4。所不同的砷化镓是由镓和砷两种不同的原子组成的。镓原子最外层有3个电子，砷原子最外层则有5个电子，砷把一个电子交给镓，使镓和砷原子都以 sp^3 杂化，并以 sp^3 杂化轨道结合而形成四个共价键，构成与硅、锗相似的金刚石型正四面体结构。每一个镓原子周围是4个砷原子，每个砷原子周围又临近4个镓原子。同时由于镓与砷的电负性不同（镓的电负性为1.5，砷的电负性为2.0），因此它们的化学键带有一些离子键的性质。

砷化镓加热到600℃以上才开始分解，其反应式为

$$\text{GaAs} \xrightarrow{600℃以上} \text{Ga} + \text{As}$$

砷化镓在常温下不与空气中的氧或水作用，但加热到 600℃ 时开始有明显的氧化作用，生成 $β\text{-}Ga_2O_3$ 氧化膜，低于 600℃ 时氧化速率极慢，高于 900℃ 时砷化镓会被烧掉。因此在制造砷化镓器件时，主要用氮化硅或二氧化硅作掩蔽膜。

砷化镓在常温下不与盐酸、硫酸、氢氟酸等无机酸作用，对碱也比较稳定，与 25% 的 NaOH 也不反应。但它能与浓硝酸、王水、$HNO_3\text{-}HF$、$H_2SO_4\text{-}H_2O_2$ 的混合酸以及热硫酸、盐酸作用。因此 H_2SO_4 和 H_2O_2 混合液（按 3∶1 比例）是砷化镓常用的外延衬底腐蚀液。

砷化镓与卤素能发生剧烈反应，在室温下，2% 的溴-甲醇溶液是较好的砷化镓抛光腐蚀液。

制备砷化镓比较成熟而广泛应用的方法是由砷和镓直接化合的方法。合成时，不仅要求镓和砷的纯度要高，而且还必须按摩尔数为 1∶1 的比例使它们进行化合，只有这样才能得到具有本征半导体性能的砷化镓。

GaAs 单晶的制备一般都是分两步进行。首先利用高纯的 Ga 和 As 合成化学计量比为 1∶1 的 GaAs 多晶，然后再生长一定晶向的单晶。这两个步骤可以在同一设备内完成，也可以在两个设备内完成。根据晶体生长技术的不同，GaAs 单晶的生长主要有布里奇曼法和液封直拉法。

GaAs 薄膜一般用外延生长方式获得。在外延工艺中，从衬底的材质来看有同质外延和异质外延之分，无论是同质外延或异质外延，都可以采用液相外延、金属-有机化学气相沉积外延和分子束外延技术。对 GaAs 而言，前两种用得比较广泛。

GaAs 液相外延就是将 GaAs 溶解在 Ga 的饱和溶液中，然后覆盖在衬底表面，随着温度的缓慢降低，析出的 GaAs 原子沉淀在衬底表面，逐渐长成 GaAs 的单晶层，其厚度可以从几百纳米到几百微米。液相外延生长 GaAs 的单晶薄膜，主要通过控制溶液的过冷度和过饱和度获得高质量的 GaAs 单晶薄膜。

金属-有机化学气相沉积外延是指以 H_2 作为载气，利用 Ⅲ 族金属有机物和 Ⅴ 族氢化物或烷基化合物在高温进行分解，并在衬底上沉积薄膜的技术。

6.3　CdTe 薄膜材料的工艺化学原理

CdTe 是一种直接带隙的 Ⅱ-Ⅵ 族化合物半导体材料，具有立方闪锌矿结构，其晶格常数为 6.481Å。事实上如果从 [111] 方向看，它还可以被认为是六方的密集面交替堆积而成的晶体结构。CdTe 晶体主要以共价键结合，但含有一定的离子键，具有很强的离子性，其结合能大于 5eV，因此，CdTe 晶体具有很好的化学稳定性和热稳定性。

CdTe 室温下的禁带宽度为 1.45eV。与 GaAs 材料一样，非常接近光伏材料的理想禁带宽度，其光谱响应与太阳光谱几乎相同。但是随着温度的变化，禁带宽度会发生变化，其变化系数为 $(2.3\sim5.4)\times10^{-4}$ eV/K。

CdTe 材料具有很高的光吸收系数，在可见光部分，只需要 $1μm$ 厚度的薄膜，便可以吸收 90% 以上的阳光。CdTe 可以通过掺入不同杂质来获得 N 型或 P 型半导体材料。当用 In 取代 Cd 的位置，便形成施主能级为 ($E_c-0.6$) eV 的 N 型半导体材料。如果用 Cu、Ag 取代 Cd 的位置，便形成了受主能级为 ($E_c+0.33$) eV 的 P 型半导体材料。实际上，对于 CdTe 单晶体，10^{17} cm^{-3} 的掺杂浓度是可以得到的，但是更高浓度的掺杂以及要精确控制掺杂浓度是非常困难的，特别是 P 型半导体材料。这是因为：CdTe 具有自补偿效应；Cd 和 Te 的蒸气压不同，导致难以控制化学计量比；杂质在 CdTe 中的溶解度极低。对于 CdTe 多晶薄膜，由于境界的分凝和增强补偿效应，使掺杂更加复杂困难。另外，除掺杂杂质外，氧杂质和 Cu 等金属杂质也是 CdTe 中的重要杂质，会对薄膜材料的性能产生影响。

以 CdTe 多晶薄膜制备的太阳能电池的效率要高于采用其单晶制备的太阳能电池，这是因为在 CdTe 的晶界处存在一个势垒，它有助于光生载流子的收集。

思 考 题

1. 二氧化硅的化学特性是什么？
2. 氮化硅的用途有哪些？
3. 碳化硅的制备方法有哪些？
4. 三氯氢硅的防护措施有哪些？

模块七　外延工艺化学原理

所谓外延，就是由含硅的化合物还原或热分解而生成的硅原子有规则地排列在衬底单晶表面上，使晶面向外延伸，形成具有一定导电类型、电阻率、厚度以及完整晶体结构的薄单晶层过程，所形成的新单晶层叫外延层。

7.1　外延工艺中气相抛光原理

气相抛光也叫做气相腐蚀，它是用气相腐蚀方法除去硅片表面损伤层和氧化层的抛光方法。气相抛光的主要优点是可在外延系统里进行，气相抛光完后，接着就可进行外延生长，这就避免了硅片暴露在空气中而受到沾污。所以气相抛光在外延生长工艺中已被广泛应用。目前应用最广泛的是氯化氢气相抛光。

氯化氢气相抛光的原理是硅与氯化氢在高温下能互相作用生成四氯化硅和氢气，其反应式如下：

$$Si + 4HCl \xrightleftharpoons{1200℃以上} SiCl_4 \uparrow + 2H_2 \uparrow$$

此反应实际是外延生长单晶硅的逆反应。在外延炉内，通入适量的氯化氢并将生成的四氯化硅和氢气不断排出，上述反应就能不断往正向进行，硅衬底表面一层一层地被腐蚀，达到抛光目的。

氯化氢气体是用高纯盐酸经高纯浓硫酸脱水制备的，一般都是在使用时临时制备，这样其纯度容易保证。

用氢气或惰性气体携带微量水气，在高温下经过衬底表面，则硅将被水气氧化而生成二氧化硅和易挥发的一氧化硅（SiO），而且在高温下二氧化硅又能与硅反应转化为一氧化硅，从而使硅衬底表面被抛光，其反应式为

$$Si + H_2O \xrightleftharpoons{高温} SiO \uparrow + H_2 \uparrow$$

$$Si + 2H_2O \xrightleftharpoons{高温} SiO_2 + 2H_2 \uparrow$$

$$Si + SiO_2 \xrightleftharpoons{高温} 2SiO \uparrow$$

由于上述反应是在1230℃的高温下进行的，反应生成的一氧化硅是高挥发性物质，很容易被气体带走，因此，反应能迅速向生成一氧化硅的方向进行。氢气流中的水气含量应严格体制，不可过大，否则片子不但没有得到抛光，反而会把片子氧化。溴化氢可在高温（1050～1200℃）下与硅反应生成一系列气态的硅化物，从而达到抛光目的。其反应式如下：

$$Si + 4HBr \xrightleftharpoons{高温} SiBr_4 \uparrow + 2H_2 \uparrow$$

$$Si + 3HBr \xrightleftharpoons{高温} SiHBr_3 \uparrow + H_2 \uparrow$$

溴的活泼性较弱，特别是在较低温度下反应比较缓慢，但被腐蚀的硅表面比较好，便于控制，并减轻了衬底材料的自掺杂及杂质的再分布现象。溴的腐蚀性很强，对系统有腐蚀作用。

7.2 外延生长的化学原理

外延生长工艺方法包括有四氯化硅、三氯氢硅的氢还原法和硅烷的热分解法等，其中以四氯化硅氢还原法应用最为普遍。

四氯化硅氢还原法是以氢气作为还原剂和携带气，在高温下与四氯化硅发生反应，其反应式如下：

$$SiCl_4 + 2H_2 \xrightleftharpoons{1200℃} Si + 4HCl \uparrow$$

这是一个可逆反应，从化学平衡移动原理来看，为了尽量利用四氯化硅，需要加入适当过量的氢气，使化学反应向着有利于生成硅的方向移动。同时氢气流还可将生成的氯化氢气体不断排出，以减少它在高温下对硅衬底的腐蚀。

四氯化硅氢还原是一个多相反应，四氯化硅形成硅的反应仅在衬底表面发生，而不在气相中发生。此反应可分为两步进行：第一步是四氯化硅还原为二氯化硅；第二步是二氯化硅分解转化为硅和四氯化硅。其反应式为：

$$SiCl_4 + H_2 \xrightleftharpoons{1200℃} SiCl_2 \uparrow + 2HCl \uparrow$$

$$2SiCl_2 \xrightleftharpoons{1200℃} Si + SiCl_4 \uparrow$$

第一步反应发生在气相，第二步反应只能发生在硅衬底的表面上。二氯化硅分子分解出来的游离态硅原子在高温下具有较高的能量，当它与衬底表面的硅原子相碰撞时，它会放出能量而规则地排列在衬底表面上，从而得到高完整性的单晶体。

实际上外延生长的化学反应是非常复杂的，随着反应物浓度的不同，温度、压力的不同，以及反应室的几何形状的不同，都会产生不同的副反应。而这些副反应对外延层的生长速率以及外延层的质量都会产生一定的影响，因此必须合理地选择和严格控制各种外延工艺条件。

四氯化硅氢还原外延生长方法操作简便，工艺成熟，并且四氯化硅资源经济安全，外延质量好，因此这种方法是目前工业上使用最广泛的硅外延方法。

三氯氢硅氢还原法的化学反应原理与四氯化硅氢还原相类似，其反应式如下：

$$SiHCl_3 + H_2 \xrightleftharpoons{1100 \sim 1200℃} Si + 3HCl \uparrow$$

由于三氯氢硅比四氯化硅具有较强的化学活动性和较高的蒸气压，所以温度对其生长速度的影响比较大，为了得到准确的外延层厚度，必须精确控制温度。

硅烷在高温下受热分解可生成硅和氢气，其反应式如下：

$$SiH_4 \xrightleftharpoons{1050℃} Si + 2H_2 \uparrow$$

外延生长的过程是硅烷气体分子向着热衬底表面扩散运动，在离衬底表面微米数量级的范围内，气体分子受热而活化，分解成气态硅原子，接着向衬底表面定向淀积，同时放出能量，气态原子硅进入固态，生成硅单晶外延层。

硅烷热分解外延生长的温度较低，在氢气气氛下使硅烷热分解，外延温度可降到1000～1100℃，如以氦代替氢，温度还可进一步降低到1000℃以下，甚至低达800℃。外延温度低，杂质的扩散系数也低，从而使衬底和外延层之间杂质的转移现象得到很大的改善。

硅烷热分解外延具有生长温度较低、反应机理简单、不用还原剂、不产生腐蚀性的卤化氢、无自掺杂、硅烷提纯容易等优点。但由于硅烷易燃易爆，所以对外延设备的要求较高，而且硅烷外延受硅烷纯度的影响较大，外延层杂质的分布也比较难控制，外延层均匀性和完整性较差，缺陷较多，所以目前硅烷外延还只处于试制阶段。

7.3 氢气的纯化

在外延中，为了保证硅外延层的质量，不仅要对四氯化硅，三氯氢硅或硅烷等进行严格的提纯，而且对外延生长所使用的氢气也有严格的要求。氢气中的水、氮、氧等杂质要尽可能少，氢气的纯度要达99.9999%，否则，可使外延层引进缺陷，从而直接影响半导体材料及器件的性能。

半导体工业所使用的氢气一般是由电解水或食盐水溶液的方法制取的。纯度为99.5%～99.9%，其中主要杂质有水汽、氧及极微量的 N_2、CO、PH_3 等。目前国内外提纯氢的方法很多，但基本出发点都是去除氢中的氧和水分。除氧一般是用各种脱氧剂或催化剂使氧与氢化合转变为水，而后再通过净化剂、干燥剂或冷阱进一步除去水分和其他杂质。

7.3.1 分子筛纯化氢气的原理

在半导体生产中，分子筛是净化氢气、氮气、氧气以及惰性气体的一种最主要的净化剂，它不仅能有效地吸附氢气中的水分，而且还能除去氧和其他有害杂质。

分子筛是一种人工合成的含有结晶水的铝硅酸盐，它是一种具有微孔结构的晶体，内部含有大量的水分，当在一定温度下，进行脱水处理后，分子筛产生许多肉眼看不见的、大小一定的、与外部相通的孔道，这些孔道具有很强的吸附能力，能把比孔径小的分子吸附在孔道内部。

分子筛的吸附性不但决定于孔径的大小，同时还和被吸附物质的分子性质有关。在室温下，分子筛能吸附分子直径比孔径小同时又易液化（如水气、氨和二氧化碳等）的气体，而对那些分子直径虽小但却难液化的气体（如氢、氧、氯、氩等）则不能吸附，它们被挡在孔径之外，从分子筛小晶粒之间的空隙中通过。因此，当这两类气体通过分子筛时能很好地被分离开，正因为这种作用，所以称为分子筛。

7.3.2 分子筛的类型和组成

在国际上，分子筛一般按其表面积的大小分为 A 型、X 型和 Y 型三类，A 型按其孔径大小又分三种：3A、4A 和 5A；X 型又有 10X 和 13X 两种。

4A 分子筛孔径较小，只能吸附分子直径在 4Å 以下的分子。因此它能吸附水、二氧化碳、硫化氢和低于三个碳原子的碳氢化合物。

5A 分子筛是 4A 分子筛中的钠离子有 3% 以上被钙离子代替的分子筛，它的孔径较 4A 型大，能吸附分子直径为 5Å 以下的分子。

3A 分子筛是 4A 分子筛的钠离子被钾离子所代替的分子筛，它的孔径比 4A 型还小，只能吸附分子直径在 3Å 以下的分子。

7.3.3 分子筛的特性

归纳起来分子筛具有以下特性。

(1) 选择吸附的特性。分子筛的吸附不仅和分子筛孔径的大小及待分离物质分子的大小有关，而且还与待分离物质的分子极性有关，一般来说，对极性强的、不饱和性大的分子吸附能力较强。因此分子筛对水、氨、硫化氢以及乙炔、乙烯的吸附强于对氧、氢、氮、甲烷的吸附。分子筛对水分子有强烈的吸附能力，是较理想的脱水剂。

(2) 较高的热稳定性，在 700℃ 条件下，其组成和结构均不变。所以分子筛不仅适用于低温下的气体净化（钠-A 型或钙-A 型分子筛在 -80℃ 或更低温度下，能有效地从氢气中去除微量的氧气），而且在常温和高温下也同样具有较好的干燥能力。

(3) 较高的化学稳定性，对有机溶剂具有很强的抵抗能力，遇水也不会潮解，但耐酸、碱的能力较差（使用范围为 pH=5~11）。

(4) 可以连续再生使用，一般吸附的水分和气体可在 350~500℃ 下加热除去，因为分子筛的吸附能力随着所吸附水分的增加而降低，所以生产中，必须定期对分子筛进行再生处理。

(5) 只适用于脱除气体（或液体）中少量的水分，若气体的含水量很大，必须先用其他干燥剂如硅胶等将大量的水分脱去，方可再用分子筛。

在实际生产中，多用 5Å 或 4Å 分子筛除去氢、氧、氯等气体中的微量水分（每克分子筛可以吸附 210~250mg 的水）。

7.3.4 分子筛的再生

为了保证气体净化质量，必须对分子筛定期进行再生处理（或叫活化），以除去吸附的水汽或其他物质，恢复分子筛的吸附能力。由于分子筛吸附气体是一个放热过程，所以解吸是吸热过程。根据化学平衡原理，升高温度有利于平衡向解吸方向进行。温度愈高，再生愈完全，但再生温度太高，会使分子筛的寿命降低，一般以 350℃ 为宜。为了提高分子筛再生效率，应尽量减少分子筛中的残存水分，可将再生系统抽真空或通入氮气（吹洗方向与吸附时的气体流动方向相反）。一般再生条件是：抽真空（真空度 10~3mm 汞柱）或通入干氮，再生温度 350℃，活化时间 4~6h，或通入一定量氢气，在 500℃ 下加热 2h。再生温度不应超过 550℃，以免破坏分子筛的晶体结构。停止加热后冷至常温即可使用。

7.4 常用的脱水剂（干燥剂）

纯化氢气常用的脱水方法可分为三大类。

① 化学吸附法：一般可用氯化钙、浓硫酸等吸水剂，通过化学反应除去水分。其反

应式如下：

$$CaCl_2 + xH_2O = CaCl_2 \cdot xH_2O$$

$$H_2SO_{4(浓)} + xH_2O = H_2SO_4 \cdot xH_2O$$

② 物理吸附法：常用硅胶、活性炭、分子筛等做吸附剂而除去水分。

③ 冷冻法：使含水的气体通过一个低温容器（工业上常用冷阱），将水气凝结而除去。

常用的冷冻剂如表 7-1 所示。

表 7-1　常用冷冻剂及所能获得的低温

冷冻剂	温度/℃	冷冻剂	温度/℃
冰	0	液态空气	-192
液氨	-33.4	液氮	-195.8
干冰	-78.5	液氢	-252.8
液氧	-183	液氦	-268.9

分子筛对水气具有强烈的吸附能力，是比较理想的脱水剂，在半导体生产中，一般用 4Å 或 5Å 分子筛来吸附氢气中的水气和其他有害杂质。

为了提高分子筛的吸附能力，往往将盛有分子筛的容器放进冷阱内。因为分子筛吸附气体的过程是一个放热过程，低温有利于分子筛的吸附。

7.5　脱氧剂——105 催化剂

105 催化剂又叫做 C-05 催化剂，是孔道内含 0.03% 钯的分子筛（即钯原子以分子筛为载体）。

在常温下，氢和氧的反应速度很慢，几乎观察不出来。但 105 催化剂能在常温下使氢中的氧与氢化合成水，从而定量地除去氧。生成的水随同氢气进入次级分子筛而被除去。其反应式如下。

$$2H_2 + O_2 \xrightarrow{Pd} 2H_2O$$

"电解氢"的含氧量一般不到 1%，通过 105 催化剂后可降至 0.2×10^{-6}。

由于催化反应是在催化剂表面进行的，而该反应是个放热反应，如果氢中含氧量大于 5%，则催化剂表面温度可高达 800~1000℃。这样高的温度将使通过的氢气加热，大大降低吸附剂的吸附效率，同时有可能使玻璃容器炸裂，并会使催化剂热稳定性变坏而失去催化作用（105 催化剂在 550℃以下呈热稳定性），所以使用 105 催化剂允许通过的氧含量为 2.5%，氢气纯度不得低于 98%。

105 催化剂与大量氨、硫化物、一氧化碳等接触时，会发生中毒现象。倘若 105 催化剂长久不用或有空气漏入，则催化剂会急剧发热而失效，甚至发生爆炸，所以使用时必须进行活化。活化过程是在 350~400℃下抽真空或通入氮气脱水，冷却后再通氢气，操作时必须注意系统严格密封。

由于吸水量过多会减弱催化作用，因此 105 催化剂也需要定期活化（方法与上述相同）。同时为了避免水分被后面催化剂吸附而影响除氧效果，一般采用 105 催化剂与分子筛混合的装置。

7.6 钯管的纯化原理

钯管纯化氢气的原理：由于金属钯的催化作用，氢分子在钯合金膜表面离解为氢原子，并进一步离解为氢离子和电子，再以氢离子的形式透过钯的晶格之后与电子相结合成为氢原子，氢原子再结合成氢分子。而其他气体分子几乎不能透过钯合金膜的晶格小孔，钯合金晶格的这种作用就像"原子筛"一样，氢以外的任何气体都不能透过，所以钯管能将氢气与其他杂质气体分离，从而获得高纯度的氢气。

7.7 氢气中其他杂质的净化剂

（1）硝酸银

氢气中的磷、砷、锑等杂质元素多以氢化物形式存在，它们与硝酸银反应生成银的沉淀，其反应式如下：

$$8AgNO_3 + PH_3 + 4H_2O == H_3PO_4 + 8Ag\downarrow + 8HNO_3$$

$$12AgNO_3 + 2AsH_3 + 3H_2O == As_2O_3 + 12Ag\downarrow + 12HNO_3$$

$$6AgNO_3 + SbH_3 + 3H_2O == 6Ag\downarrow + H_3As_2O_3 + 6HNO_3$$

在净化系统中，一般在硅胶后面，分子筛前面加一个硝酸银滤布以除去氢气中磷化氢等杂质。

（2）浓硫酸

浓硫酸也能与氢气中的磷化氢等杂质反应，其反应式如下：

$$2H_2SO_4 + PH_3 == H_3PO_4 + SO_2\uparrow + S\downarrow + 2H_2O$$

模块八 化学清洗及纯水的制备

8.1 化学清洗

在光伏行业，化学清洗主要包括四个方面：一是硅料、辅料的腐蚀清洗；二是硅片表面的清洗；三是生产过程中使用的金属材料的清洗；四是工具、器皿的清洗。

在太阳能电池片的生产过程中，清洗方法是用不同的化学试剂与杂质发生化学反应和溶解作用，使杂质从被清洗物体的表面脱附，并用冷、热纯水冲洗，从而获得洁净的表面。化学清洗非常重要，它直接关系到光伏产品的性能。

8.1.1 硅片表面沾污的杂质

硅片所以能够吸附杂质，是由于在硅片表面层上的晶格原子和体内的晶格原子情况不一样，如图 8-1 所示。

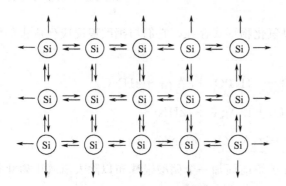

图 8-1 硅片表面层吸附力来源示意图

在晶体内部，每一个硅原子都被其他硅原子包围着，它们之间的作用力彼此相等而呈现平衡状态。但表面层上的原子却不是如此，它向外面的吸引力并没有被平衡，这种力把与它接触的气体、溶液和固体的杂质粒子吸住，这种现象称为"吸附"（吸附杂质粒子的固体称为吸附剂，这里的硅片就是吸附剂）。被吸附的杂质粒子并不是固定不动的，而是在其平衡位置附近不停地振动着。其中有一些由于获得较高的动能而脱离硅片表面，重新回到周围的介质中去，这种现象称为"解吸"或"脱附"。与此同时，另一些粒子又会在硅片表面上重新被吸附，最终达到动态平衡，这一动态平衡过程可用下面式子表示：

$$自由粒子 \underset{解吸}{\overset{吸附}{\rightleftharpoons}} 被吸附粒子 + 热$$

对硅片表面来说，吸附是一种放热过程，而解吸是一种吸热过程。因此，升高温度有利于硅片表面杂质离子的解吸。

硅片表面沾污的杂质大致可归纳为三类：

① 油脂、松香、石蜡等有机物质；

② 金属、金属离子、氧化物以及其他无机化合物；

③ 灰尘以及其他可溶性物质。

归纳起来，沾污在硅片表面的杂质可分为分子型、离子型和原子型三种。

分子型杂质是以分子间力（弱静电引力）吸附在硅片上，这是一种物理吸附，吸附力比较弱，并随着分子间距的增大很快减弱。

分子型杂质大多是不溶于水的有机物，从而妨碍了去离子水或酸、碱溶液与硅片表面接触，因此无法进行有效的化学清洗。

以离子形式吸附在硅片表面的杂质有 K^+、Na^+、Ca^{2+}、Mg^{2+}、Fe^{2+}、H^+、OH^-、F^-、Cl^-、S^{2-}、CO_3^{2-} 等。这类杂质的来源很广，像磨料（SiC、Al_2O_3 等）中的金属氧化物、空气、生产用品和生产设备、化学药品、纯度不高的去离子水、自来水以及操作者呼出的气体、汗液等都是离子型杂质的来源。

离子型杂质吸附多属于化学吸附，由于化学吸附力较强，所以对离子型杂质的清除较分子型杂质难得多。

原子型杂质主要是指铜、银、金等重金属。这些金属原子一般来自酸性的腐蚀液，通过置换反应将这些重金属离子（如 Cu^{2+}、Ag^+、Au^{3+} 等）还原成原子而吸附在硅片表面上。

原子型杂质吸附和离子型杂质吸附一样，同属于化学吸附范畴，其吸附力最强。如金、铂等重金属原子不易和一般酸、碱溶液起化学反应，因此必须用诸如王水之类的化学反应试剂使之形成络合物并溶于水中，然后用高纯水冲洗除去。吸附在硅片表面的重金属原子可以成为表面复合中心，如果经过高温热处理，还会扩散到硅片体内，成为体内复合中心，降低体内少数载流子的寿命。无论吸附在硅片表面或者扩散入体内的重金属原子，对光伏组件的性能都有很大影响。

8.1.2 化学清洗的原理

在化学清洗中，经常使用有机溶剂、酸（盐酸、硫酸、硝酸、氢氟酸、过氧化氢等）、王水、重铬酸钾洗液以及碱性和酸性过氧化氢清洗液等。为了在化学清洗过程中做到目的明确，使用合理，必须了解各种化学试剂的性质及其在清洗工艺中去污的化学原理。

（1）有机杂质的清洗

① 有机溶剂去污　除去硅片表面沾污的油脂、松香、蜡等有机杂质一般可用甲苯、丙酮、乙醇等有机溶剂。油脂和蜡等易溶于甲苯、丙酮、乙醇，而很难溶于水，这与它们的分子结构有关，石蜡是碳氢化合物（烃类），油脂是甘油和脂肪酸生成的脂。

操作时要按照一定的次序，可按甲苯、丙酮、乙醇、水的次序清洗，而不能按丙酮、乙醇、甲苯、水的次序清洗。虽然油脂等有机杂质在甲苯中的溶解性最好，但甲苯与水分子结构差别很大，互不相溶，因此，若按后面的次序清洗，则片子上将形成不溶于水的甲苯液珠，这样既不能把油脂等有机杂质完全除去，也不能把附着在片子上的甲苯洗净。相反，如果按甲苯、丙酮、乙醇、水的次序清洗，由于甲苯、丙酮、乙醇结构相似，能互相溶解，而乙醇既能与甲苯、丙酮互溶，又能溶解于水。所以按这种次序清洗，既能把沾污在硅片表面上的油脂等有机杂质清除掉，同时甲苯、丙酮、乙醇等有机溶剂也容易被去除。

除了甲苯、丙酮、乙醇等外，常用于除油的有机溶剂还有三氯乙烯、四氯化碳、苯等。它们的除油原理与甲苯、丙酮、乙醇相同；采用碱液和合成洗涤剂除油效果也很好。

② 碱和肥皂去污　碱液（如氢氧化钠的水溶液）能去除油污是由于它能将油脂水解，产生相应脂肪酸的钠盐（即肥皂）。其反应式如下：

$$\begin{matrix} CH_2-O-COR \\ CH-O-COR' \\ CH_2-O-COR'' \end{matrix} + 3NaOH \xrightarrow{\text{(氢氧化钠)}} \begin{matrix} CH_2-OH \\ CH-OH \\ CH_2-OH \end{matrix} + R-COONa + R'-COONa + R''-COONa$$
（油脂） （甘油） （肥皂）

上式中 R、R′、R″分别代表相对应的不同脂肪酸的烃基，它们一般是由十几个碳原子组成的饱和或不饱和烃基。肥皂的去污作用是由于肥皂分子（肥皂是脂肪酸的钠盐，主要是硬脂酸钠、软脂酸钠和油脂酸钠，即上式中的 R、R′、R″可用通式 R—COONa 代表）溶于水时，电离出 R—COO⁻和 Na⁺，R—COO⁻的一端是链状烃基，这种基团具有疏水亲油性，称为疏水基（或称为憎水基团）。而 R—COO⁻的另一端是羧基，这种基团具有疏油亲水性，称为亲水基。如图 8-2 所示。

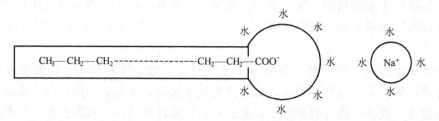

图 8-2 肥皂分子的疏水基和亲水基示意图

由于肥皂具有特殊的分子结构，它可以分布在油、水的界面，以疏水基团的一端指向油，以亲水基团的另一端指向水，这样互不相溶的油分子和水分子便通过肥皂分子间接地连接在一起，免除了油和水的相互排斥。由于肥皂易溶水，从而油污被肥皂分散成极细小的油珠，均匀、稳定地悬浮在水中，成为乳浊液而被弃去，达到了去油的目的。如图 8-3 所示。

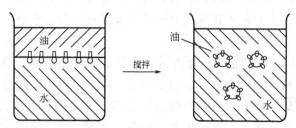

图 8-3 乳浊液形成的示意图

凡在分子中既有亲水基团（如羧基—COOH、磺酸基—SO_3H、羟基—OH 等）、又有疏水基团（如含十个碳原子以上的长链烃基或芳香烃基）的化合物，并且由于有少量的这类化合物存在于物质的表面上，而使物质表面的性质发生了显著变化，使得互不相溶的液体成为稳定的乳浊液，这类物质称为表面活性剂。表面活性剂一般兼有洗涤、浸透、起泡、乳化等性能。肥皂就是一种洗涤能力很强的表面活性剂。因为肥皂在乳浊液中起稳定剂的作用，所以肥皂也是常用的一种乳化剂。

③ 合成洗涤剂去污　合成洗涤剂是用有机合成制得的一种具有去污能力的表面活性剂。这种活性剂的分子和肥皂相似，也是一端具有疏水基，另一端具有亲水基，去污原理与肥皂相似。洗涤效果好的表面活性剂有两种类型：非离子型和负离子型，洗衣粉的表面活性剂一般是负离子型，洗净剂中的表面活性剂为非离子型及负离子型。

（2）无机杂质的清洗

硅片表面沾污的金属、金属离子、氧化物以及其他无机杂质（离子型或原子型）用有机溶剂或洗涤剂是无法除去的，只能用各种无机酸、氧化剂或络合剂通过化学反应而溶除。

① 盐酸（HCl）　盐酸是氯化氢气体溶解于水而制得的一种无色透明的有刺激性气味的液体，一般盐酸因含有杂质（主要是Fe^{3+}）而呈淡黄色。浓盐酸相对密度为1.19，其重量百分比浓度为36%～38%。含氯化氢20.24%的盐酸沸点为110℃。浓盐酸的主要性质是具有强酸性、强腐蚀性和易挥发性。

在清洗中就是利用盐酸的强酸性来溶解硅片表面沾污的活泼金属、金属氧化物、氢氧化物和部分盐类，反应式如下：

$$2Al+6HCl == 2AlCl_3+3H_2\uparrow$$

$$Fe_2O_3+6HCl == 2FeCl_3+3H_2O$$

$$Cu(OH)_2+2HCl == CuCl_2+2H_2O$$

$$CaCO_3+2HCl == CaCl_2+H_2O+CO_2\uparrow$$

上述反应所生成的金属氯化物均可溶于水，所以均可用大量的高纯水冲洗清除。但盐酸不能直接与铜、银、金等不活泼的金属反应。

② 硫酸（H_2SO_4）　硫酸是无色无臭的油状液体，浓度为95%～98%的浓硫酸比重为1.838，沸点为338℃。浓硫酸具有强氧化性、强酸性、吸水脱水性、强腐蚀性和高沸点难挥发性等。

硫酸能与活泼金属、金属氧化物及氢氧化物等作用，生成硫酸盐，例如：

$$2Al+3H_2SO_4 == Al_2(SO_4)_3+3H_2\uparrow$$

$$Fe_2O_3+3H_2SO_4 == Fe_2(SO_4)_3+3H_2O$$

$$Cu(OH)_2+H_2SO_4 == CuSO_4+2H_2O$$

由于浓硫酸具有氧化性，它不仅能与活泼金属作用，还能与铜、汞、银等不活泼金属作用（但不能和铂、金作用）。例如：

$$Cu+2H_2SO_4 == CuSO_4+SO_2\uparrow+2H_2O$$

$$C+2H_2SO_4 == 2SO_2\uparrow+CO_2\uparrow+2H_2O$$

冷浓硫酸不与铁、铝等金属作用，这是因为在冷浓硫酸中，铁、铝等金属表面生成一层致密的氧化物保护膜，使浓硫酸不能继续与金属发生反应，这种现象称为"钝化"现象。由于硫酸有这种性质，所以可用铁、铝制的容器盛放浓硫酸。

化学清洗就是利用浓硫酸的氧化性和强酸性来溶除在硅片表面上的金属和无机物杂质。此外，由于浓硫酸具有很强的脱水性，它能将有机物中的氢与氧以水的形式夺去，所以浓硫酸还能使有机物脱水而碳化，如果同时进行加热，析出的碳还能进一步氧化生成二氧化碳。其反应式如下：

$$C_{12}H_{22}O_{11} \xrightarrow{\text{浓 }H_2SO_4} 12C + 11H_2O$$

$$C + 2H_2SO_4 \xrightarrow{\text{加热}} CO_2\uparrow + 2SO_2\uparrow + 2H_2O$$

使用浓硫酸时应注意操作安全,为硫酸与水混合时,生成硫酸水合物(如 $H_2SO_4 \cdot H_2O$、$H_2SO_4 \cdot 2H_2O$ 等)并放出大量的热,所以在配制洗液或稀释浓硫酸时,只许把浓硫酸缓慢地往水中倾注,并边倒边搅拌。因为浓硫酸比重大,能沉在水中并使热量较均匀地扩散到整个硫酸水溶液中。严禁将水倒入浓硫酸中,否则容易形成局部热量集中使水暴沸,造成烧伤事故。同时也不可用厚壁玻璃缸作为配洗液或稀释浓硫酸的容器,以免容器炸裂。

浓硫酸具有很强的吸水性,它是一种常用的干燥剂,常用浓硫酸吸除浓盐酸中的水分制取无水氯化氢,用来高温抛光外延硅片。

③ 硝酸(HNO_3) 纯硝酸是一种无色透明的液体,易挥发,有刺激性的气味。市售的浓硝酸相对密度是 1.41,浓度为 69.2%,沸点为 121.8℃。硝酸见光受热很容易分解:

$$4HNO_3 \xrightarrow{\text{光或热}} 4NO_2\uparrow + 2H_2O + O_2\uparrow$$

温度愈高或硝酸的浓度愈大,则分解愈快。96%~98%的浓硝酸因含有过量二氧化氮而呈棕黄色,称为发烟硝酸。硝酸具有强氧化性、强酸性和强腐蚀性。化学清洗主要是利用硝酸的强氧化性和强酸性。

在太阳能电池片的生产中硝酸是一种很好的腐蚀剂。有些金属如铁、铝、铬、镍、钙等易溶于稀硝酸,却不溶于冷的浓硝酸。由于浓硝酸与浓硫酸一样,在室温时,对这些金属产生钝化作用,根据这一道理,在光刻铝电极后去胶时,可将片子浸泡在浓硝酸中,去除光刻胶膜而不破坏铝层,而稀硝酸则腐蚀铝层。因此,通常为了使金属与硝酸的氧化还原反应进行得比较彻底(不至于发生钝化现象),必须用低浓度的硝酸或加热。

在化学清洗中,主要利用硝酸的强氧化性和强酸性使沾污在硅片表面的杂质与之反应产生可溶性硝酸盐之类的化合物,然后用大量的高纯水冲洗,从而去除这些杂质。

④ 重铬酸钾洗液 重铬酸钾洗液是由饱和的重铬酸钾溶液与过量的浓硫酸混合配制而成的。两者混合后,有橙红色的三氧化铬(CrO_3)晶体析出。其反应式如下:

$$K_2Cr_2O_7 + H_2SO_4 = K_2SO_4 + 2CrO_3 + H_2O$$

三氧化铬又称为铬酐,是最强的氧化剂之一,有剧毒。某些有机物如酒精与铬酐接触能立即着火。这种洗液具有很强的氧化性和腐蚀性,含有三氧化铬的洗液不仅能氧化和溶解多种金属、氧化物及其他无机化合物,而且热的洗液还能使有机油类杂质氧化为可溶性的醇、酸类化合物,予以清除。生产中常用重铬酸钾洗液清洗玻璃、石英器皿和金属用具。清洗时,器皿中灌满洗液,或将器皿浸泡在洗液内,时间一般不少于 8h,最后用大量的纯水将钾离子清除干净。

在氧化反应中,重铬酸根离子在酸性介质中得到电子而还原成氧化数为 +3 的铬离子：

$$Cr_2O_7^{2-} + 14H^+ + 6e^- \rightleftharpoons 2Cr^{3+} + 7H_2O$$

（橙红色） （绿色）

所以一旦重铬酸钾洗液由橙红色变为绿色，即表明洗液已失去氧化能力，必须更换新洗液。

⑤ 过氧化氢　过氧化氢（H_2O_2）俗称双氧水，分子结构式为 H-O-O-H。纯的过氧化氢是淡蓝色黏稠液体，它与水一样，是一种很好的溶剂，它能与水按任何比例混合。它的密度在 25℃ 时为 $1.4425g/cm^3$，沸点为 151.4℃，凝固点为 -0.89℃，固体的密度（<-4℃）为 $1.643g/cm^3$。纯的固体过氧化氢被用作火箭燃料的氧化剂。常用的过氧化氢水溶液有两种，它们分别含有 3%（医用）和 30% 的过氧化氢（市售过氧化氢的浓度一般为 30%）。

由于过氧化氢中两个氧原子是直接互联的，这个过氧键-O-O-很不稳定，容易分解，所以过氧化氢在普通条件下将慢慢地分解为水和氧气。其反应式如下：

$$2H_2O_2 = 2H_2O + O_2 \uparrow$$

分解速度与外界温度、光照、溶液的 pH 值以及有无重金属离子存在等有关。H_2O_2 在酸性、中性介质中比较稳定，在碱性介质中不稳定，为了防止过氧化氢分解，一般把它存放在不透明的塑料瓶中，并放置在阴凉处。过氧化氢溶液最好在使用时临时配制。

过氧化氢洗液不但能去除无机杂质，而且还能去除硅片上残留的光刻胶、蜡、松香、纤维、细菌等有机物；不仅能除去较活泼金属，而且还能清除较难溶解的金、铂等重金属。

⑥ 王水　将浓硝酸和浓盐酸按 1:3 的体积比混合。即可配成王水，其反应式如下：

$$HNO_3 + 3HCl = 2H_2O + 2Cl + NClO$$

可见王水中不仅含有硝酸、盐酸等强酸，而且还有初生态氯和氯化亚硝酰 NClO 等强氧化剂。氯化亚硝酰是一种沸点较低的液体，受热即分解为一氧化氮和原子氯。原子氯立即与金属作用生成氯化物。所以王水不但能溶解活泼金属和氧化物，而且还能溶解不活泼的金、铂等几乎所有的金属，这是由于王水中的原子氯和氯化亚硝酰等氧化剂能够把金氧化成三氯化金，此时，盐酸不但起强酸作用，而且能提供原子氯和充当络合剂，提供的氯离子做配位体，与 Au^{3+} 构成稳定的氯金酸根络离子而溶解于水中，其反应式为：

$$HNO_3 + 3HCl + Au = AuCl_3 + NO \uparrow + 2H_2O$$

$$AuCl_3 + HCl = H[AuCl_4] \text{（四氯络金酸）}$$

总反应式为：

$$Au + HNO_3 + 4HCl = H[AuCl_4] + NO \uparrow + 2H_2O$$

⑦ 氢氟酸　氢氟酸是氟化氢的水溶液，是一种无色透明的液体，蒸气有刺激性臭味和剧毒，与皮肤接触会发生严重的难以治愈的烧伤。

氢氟酸的主要性质是弱酸性、易挥发性和强腐蚀性。氢氟酸的酸性不仅比硝酸、硫酸、磷酸弱得多，比同族的盐酸、氢溴酸、氢碘酸也要弱。

氢氟酸的一个很重要的特性是它能溶解二氧化硅（SiO_2）。在化学清洗和腐蚀工艺中，就是利用这一特性来腐蚀玻璃、石英和硅片表面上的二氧化硅层。反应过程是：先由氢氟酸与二氧化硅作用生成易挥发的四氟化硅气体，然后四氟化硅再进一步与氢氟酸反应，生成可溶性的络合物六氟络硅酸 $H_2[SiF_6]$。其反应式如下：

$$SiO_2 + 4HF \rightleftharpoons SiF_4 \uparrow + 2H_2O$$

$$SiF_4 + 2HF \rightleftharpoons H_2[SiF_6]$$

生成的六氟络硅酸可用纯水冲洗，由此达到去除 SiO_2 及清洗杂质的目的。

8.1.3 硅片清洗的一般步骤及注意事项

清洗硅片时，首先应去除覆盖在表面上的一层疏水性的有机物，因为它对清除离子型和原子型杂质有阻碍作用。清洗这些有机杂质可用四氯化碳、三氯乙烯、甲苯、丙酮、无水乙醇等有机溶剂，也可采用浓硫酸碳化、硝酸或碱性过氧化氢洗液氧化等方法去除。

清洗硅片的一般步骤为：去油→去离子→去原子→高纯水清洗。

由于丙酮、甲苯、乙醇、乙醚等溶剂的沸点较低，尤其是闪点很低，所以它们都易燃，使用时须远离火源。这些溶剂一般不能直接加热，要用水浴间接加热。保存这些低沸点有机溶剂时，瓶口要密封，放置在阴凉处。

大部分有机溶剂都具有一定的毒性，甲苯、苯、四氯化碳、丙酮等有机溶剂及其蒸气都是有毒的。甲苯、苯对血液有毒害，丙酮蒸气能刺激呼吸道，苯、甲苯、四氯化碳等都有麻醉作用。即使毒性较小的溶剂，如果长时间接触，也必须有良好的通风设备，一般要求在通风橱中进行操作，以防吸入大量蒸汽而中毒。

盐酸、硫酸、硝酸、王水、重铬酸洗液、氢氟酸对人体有很强的腐蚀性和毒性，这些酸液溅在皮肤上能引起严重的烧伤，尤其是氢氟酸烧伤的伤口难以痊愈。因此，使用这些酸时应特别小心，要在通风橱中进行操作。特别是使用氢氟酸时，最好戴上橡皮手套，在塑料或铂制的容器（不能在玻璃容器）中进行。盐酸、硫酸、硝酸、王水的蒸气以及它们在反应中的产物如 HCl、SO_3、SO_2、NO_2、N_2O_5、Cl_2、HF 等气体对眼、鼻、喉都有强烈的刺激作用和毒性。氢氟酸对骨骼、神经系统、牙、皮肤等都有毒害。如果皮肤上溅上盐酸、硫酸、硝酸等，应立即用大量自来水冲洗，再用5%的碳酸氢钠溶液洗。如果被氢氟酸烧伤，则应立即用大量水冲洗，再用5%的碳酸氢钠溶液洗，最后用二份甘油和一份氧化镁制成糊状物敷上，或用冰冷的饱和硫酸镁溶液洗，严重的应送往医院治疗。

8.2 纯水的制备

纯水又叫做去离子水，即除去阴、阳离子和有机物质等杂质的水。通常硅片清洗中所用的纯水，25℃时电阻率在 $5M\Omega \cdot cm$ 以上，但仍含有 1.0mg/L 的杂质，且含有较大的颗粒和悬浮生物。

超纯水又叫高纯水，是指悬浮颗粒直径在 $0.45\mu m$ 以下，细菌数为 0～10 个/mL，25℃时电阻率在 $10M\Omega \cdot cm$ 以上的纯水。将纯水在惰性气体保护下，经化学处理、蒸馏、膜滤以及紫外线光照射杀菌等方法处理后，便可获得超纯水。

目前，超纯水制备技术已有了很大的发展和提高，水的电阻率已能达到 $18M\Omega \cdot cm$ 以上，纯度达到 99.99999%，但水中依然存在着 0.01mg/L 的杂质离子。

在光伏产业链的各个环节都需要用到高纯水，包括多晶硅的化工生产，单晶、铸锭原辅料的清洗，硅片、太阳能电池片的清洗以及各类化学试剂的配置等。

为制备高纯水，必须把水中的阴阳离子减少到最低程度，为此，必须同时使用强交换能力的强酸型阳离子交换树脂和强碱型阴离子交换树脂。强酸型阳离子交换树脂，一般用的是聚苯乙烯磺酸型离子交换树脂，这种树脂具有较大的交换容量，对酸碱、溶剂以及氧化剂都比较稳定，耐磨，耐热性可达 111℃ 以上。

制备纯水所用的强碱性阴离子交换树脂，一般采用聚苯乙烯季胺型阴离子交换树脂，其阴离子交换容量约为聚苯乙烯磺酸型阳离子交换容量的 1/2，物理、化学性能也很稳定，如对酸、碱、氧化剂以及有机溶剂都较稳定，热稳定性也好，Cl 型树脂在 150℃ 以下稳定，一般 OH 型树脂的稳定性比 Cl 型差，必须在 50℃ 以下使用，否则容易分解。

模块九　硅片表面的化学机械抛光

9.1　表面抛光的分类

目前国内使用的化学机械抛光方法主要有两种，即铬离子抛光和二氧化硅胶体抛光。原来采用的铜离子抛光方法由于被还原的铜原子会附着在硅片表面，不易清除干净，从而影响器件质量，所以目前很少采用。

9.2　表面抛光的原理

9.2.1　铬离子化学机械抛光

铬离子化学机械抛光的原理是利用颗粒小、硬度大、棱角锋利的三氧化二铬微粒作机械研磨的磨料，研磨时产生的机械损伤层又随时被氧化剂重铬酸铵电离出来的重铬酸根离子腐蚀掉，因此既能达到预期的抛光效果，又使硅片表面的晶格也较为完整。

重铬酸根离子氧化腐蚀硅的离子反应式如下：

$$3Si + 2CrO_7^{2-} + 16H^+ = 3SiO_2 + 2Cr^{3+} + 8H_2O$$

重铬酸铵是杏黄色固体，能溶于水，是一种强氧化剂。三氧化二铬呈草绿色，微溶于水，它可用重铬酸铵加热分解而制得，其反应式如下：

$$(NH_4)_2Cr_2O_7 = Cr_2O_3 + 4H_2O + N_2\uparrow$$

配制铬离子抛光液按下面的重量比进行配制较好，

$$H_2O : Cr_2O_3 : (NH_4)_2Cr_2O_7 = 1000 : 35 : 8$$

铬离子抛光的优点是：完整度好、一般无橘皮状腐蚀坑，同时重铬酸根离子化学抛光的结构损伤小、抛光速度快、成本低、而且不受材料导电类型和电阻率高低的影响。铬离子抛光的缺点是：表面结构仍有微量的损伤，硅片氧化后容易产生高密度氧化层错，从而影响器件的质量，此外，三氧化二铬也有毒。

9.2.2　二氧化硅胶体化学机械抛光

因为二氧化硅是酸性氧化物，所以将二氧化硅溶入氢氧化钠溶液中，有小部分二氧化硅与氢氧化钠反应生成硅酸钠（Na_2SiO_3—水玻璃），其反应式如下：

$$SiO_2 + 2NaOH = Na_2SiO_3 + H_2O$$

大部分二氧化硅微粒分散在氢氧化钠水溶液中，形成二氧化硅胶体。用二氧化硅与氢氧化钠溶液配制成的二氧化硅胶体抛光液pH值一般控制在10左右。

二氧化硅胶体中的氢氧化钠对硅有腐蚀作用，生成硅酸钠溶于水中，从而对硅片产生了化学抛光作用，其反应如下：

$$Si + 2NaOH + H_2O =\!=\!= Na_2SiO_3 + 2H_2\uparrow$$

同时，二氧化硅胶粒对硅片也起机械抛光作用。由于二氧化硅抛光液是胶体，不仅其颗粒直径比三氧化二铬磨料约小一个数量级，而且硬度也比三氧化二铬小，而与硅相当，所以用二氧化硅胶体抛光时，表面损伤更小，被抛硅片的光洁度更高。二氧化硅胶体抛光也适合于各种导电类型和电阻率的硅材料，因此，目前国内普遍采用这种工艺。

本法的缺点是抛光速度慢，且碱液对设备有腐蚀作用等。为了克服这些缺点，可先经铬离子抛光去除硅片研磨损伤层，再用二氧化硅胶体抛光去掉铬离子抛光的损伤层，最后用水抛直至碱性抛光液全部冲去为止。另外，也可用硅腐蚀液对硅片先进行腐蚀，然后再用二氧化硅胶体抛光，以弥补二氧化硅胶体抛光速度缓慢之不足。把抛光液的pH值调为8.5左右，以减弱对设备的腐蚀。采取以上这些措施，既能提高抛光速度，又能保证抛光质量。

二氧化硅胶体抛光液的配制如下。

① 将150g二氧化硅粉加入1000ml纯水中，再加入氢氧化钠溶液配成二氧化硅胶体溶液，然后用氢氧化钠溶液将溶液的pH值调到10左右。

② 用三氯氢硅或四氯化硅液体（可用废料）与氢氧化钠溶液反应生成二氧化硅，其反应式如下：

$$SiCl_4 + 4NaOH =\!=\!= SiO_2\downarrow + 4NaCl + 2H_2O$$

$$SiHCl_3 + 3NaOH =\!=\!= SiO_2\downarrow + 3NaCl + H_2O + H_2\uparrow$$

为了使反应能均匀进行，也可用氮气把四氯化硅或三氯氢硅的蒸气带入氢氧化钠溶液内，生成二氧化硅并沉淀出来，静置后，去掉上面的悬浮液，再用氢氧化钠溶液与二氧化硅沉淀配成二氧化硅胶体溶液，并把pH值调到10左右，即可使用。

模块十 半导体材料化学腐蚀原理

所谓化学腐蚀，就是物质与其周围介质发生化学作用而被腐蚀的现象。在半导体生产中常要用到化学腐蚀，包括对半导体材料硅、锗、砷化镓的腐蚀，在光刻工艺中对二氧化硅、氮化硅、金属铝膜的腐蚀，在制版工艺中对铬版和氧化铁彩色版等的腐蚀等。本章将讨论半导体生产中常用的化学腐蚀的原理及影响化学腐蚀的一些因素。

10.1 化学腐蚀的原理

10.1.1 半导体材料的腐蚀

(1) 硅的腐蚀

因为硅几乎不溶于所有的酸中，氢氟酸虽能腐蚀二氧化硅，但单纯的氢氟酸对硅的腐蚀作用却很慢。硅的腐蚀液需包含氧化剂（如硝酸）和络合剂（如氢氟酸），目前广泛采用硝酸和氢氟酸的混合液腐蚀，其中 $HNO_3:HF=10:1$ 到 $2:1$（体积比）。

硝酸在硅的混合腐蚀液中起氧化剂作用，它使硅氧化成二氧化硅，其反应式如下：

$$3Si+4HNO_3 = 3SiO_2+2H_2O+4NO\uparrow$$

由于二氧化硅是难溶的物质，它既不溶于水，也不溶于硝酸，而且硅表面被硝酸氧化后形成一层非常致密的二氧化硅薄膜，对硅起保护作用，从而阻碍了硝酸进一步与硅反应，所以硝酸不能有效地腐蚀硅，而只能在硅片表面形成一层很薄的二氧化硅薄膜。

由于混合腐蚀液有络合剂氢氟酸存在，使硅表面的二氧化硅保护膜被破坏，生成了可溶于水的络合物六氟硅酸 $H_2[SiF_6]$。这样硅就能不断被硝酸氧化，生成的二氧化硅又不断地被络合剂氢氟酸络合：$SiO_2+6HF = H_2[SiF_6]+2H_2O$，从而达到腐蚀的目的。

通过腐蚀能把硅片表面均匀地剥去薄薄一层，而且还能除去表面的杂质、氧化层以及表面的损伤层或在材料表面获得一定形状的图形，从而得到一个光洁的表面。

此外，由于硅能与碱作用，所以也可用 10%～30% 氢氧化钠或氢氧化钾溶液作硅的腐蚀液。其缺点是腐蚀速度很大，腐蚀后的表面比较粗糙，同时会引起钠离子沾污。硅与碱的化学反应式如下：

$$Si+2NaOH+H_2O = Na_2SiO_3+2H_2\uparrow$$

(2) 锗的腐蚀

锗的腐蚀一般采用过氧化氢（即双氧水）和氢氧化钠混合腐蚀液。过氧化氢在腐蚀液中起氧化剂作用，过氧化氢在加热时更易分解，析出氧化性很强的原子氧，它能使锗氧化成二氧化锗，其反应式如下：

$$2H_2O_2 \xrightarrow{\triangle} 2H_2O+2[O]+196.5kJ/mol$$

$$Ge + 2[O] = GeO_2$$

二氧化锗是一种难溶于酸、易溶于碱、微溶于水的物质。它在100℃时，每100mL的水约溶1g的二氧化锗。因此锗在纯过氧化氢中的腐蚀速度较慢。为加速过氧化氢对锗的腐蚀，必须加入一些碱，如氢氧化钠，以作为过氧化氢分解反应的催化剂，同时也加速二氧化锗的溶解，因为二氧化锗能与氢氧化钠进一步作用生成易溶于水的锗酸钠盐。所以氢氧化钠-过氧化氢混合溶液能对锗进行有效的腐蚀。其反应式如下：

$$Ge + 2H_2O_2 \xrightarrow[加热]{NaOH（催化剂）} GeO_2 + 2H_2O$$

$$GeO_2 + 2NaOH = Na_2GeO_3 + H_2O$$

③ 砷化镓的腐蚀

腐蚀砷化镓一般用过氧化氢、硫酸和水的混合腐蚀液，其体积比为 $H_2O_2 : H_2SO_4 : H_2O = 1:3:1$，腐蚀温度为50℃。

腐蚀原理：腐蚀液中的过氧化氢起氧化剂作用，它使砷化镓表面氧化生成三氧化二砷和三氧化二镓。其反应式如下：

$$2H_2O_2 \xrightarrow{\triangle} 2H_2O + 2[O]$$

$$2GaAs + 6[O] = Ga_2O_3 + As_2O_3$$

三氧化二镓表面生成的氧化物被腐蚀液中的硫酸水溶液溶解生成硫酸镓和亚砷酸。腐蚀液中硫酸所起的作用有两点：一是作为溶解氧化物的溶剂；二是作为提高过氧化氢氧化性的酸性介质，其反应式如下：

$$Ga_2O_3 + 3H_2SO_4 = Ga_2(SO_4)_3 + 3H_2O$$

$$As_2O_3 + 3H_2O = 2H_3AsO_3$$

如果把以上两个过程结合起来，就可得到砷化镓的总腐蚀反应方程式：

$$2GaAs + 6H_2O_2 + 3H_2SO_4 = Ga_2(SO_4)_3 + 2H_3AsO_3 + 6H_2O$$

10.1.2 二氧化硅的腐蚀

在光刻工艺中，对窗口的二氧化硅进行腐蚀有两点基本要求。

① 腐蚀速度要适中且保持不变，便于控制。

② 腐蚀液对光致抗蚀剂胶膜无腐蚀作用。只有这样才能保证将没有光致抗蚀剂胶膜保护的氧化层腐蚀干净，而有光致抗蚀剂保护的氧化层依然存在。

在生产中，腐蚀二氧化硅都采用氢氟酸-氟化铵的缓冲腐蚀液。其组成为

氢氟酸 : 氟化铵 : 纯水 = 3 (mL) : 6 (g) : 10 (mL)

氢氟酸的作用是溶解二氧化硅层，其反应式如下：

$$SiO_2 + 6HF = H_2[SiF_6] + 2H_2O$$

氢氟酸虽然能腐蚀二氧化硅，但由于其腐蚀速度太快，不便于控制，腐蚀效果不好，

而且氢氟酸易穿透光致抗蚀剂胶膜去腐蚀膜底下的二氧化硅层，引起钻蚀，甚至使抗蚀剂胶膜脱落（特别在膜的边缘易发生）。因此不能单用氢氟酸作腐蚀液。

氢氟酸之所以能溶解二氧化硅，一方面是因为氢氟酸溶液能提供氟离子 F^-，它与 SiO_2 中的硅离子 Si^{4+} 结合生成四氟化硅（SiF_4）或 $[SiF_6]^{2-}$ 络离子，另一方面，氢氟酸又能提供氢离子 H^+，它与 SiO_2 中的氧离子 O^{2-} 结合生成水。所以为了使二氧化硅溶解，氢氟酸腐蚀液中必须含有足够的氟离子 F^- 和氢离子 H^+，两者缺一不可。氢离子和氟离子浓度愈大，二氧化硅愈易溶解。

根据质量作用定律，减小氢氟酸和氢离子的浓度，可降低腐蚀速度。为此，可在氢氟酸中加入一定量的氟化铵晶体，以减缓氢氟酸的腐蚀速度。

氟化铵是一种由弱酸和弱碱组成的盐类，氟化铵和氢氟酸混合液是一种缓冲溶液，由于氟化铵在水溶液中可解离为铵离子和氟离子，溶液中大量氟离子的存在使氢氟酸在溶液中的电离平衡 $HF \rightleftharpoons H^+ + F^-$ 向左移动，从而降低了溶液中的氢离子浓度，因而能减缓氢氟酸对二氧化硅的腐蚀速度。

氟化铵能与氢氟酸结合生成氟氢化铵 $NH_4[HF_2]$，降低溶液中氢氟酸的浓度，其反应式如下：

$$HF + NH_4F \rightleftharpoons NH_4[HF_2]$$

由于氢氟酸腐蚀液中加入氟化铵后，降低了氢氟酸和氢离子浓度，从而减缓了氢氟酸对二氧化硅的腐蚀速度。

由于络合反应生成的六氟络硅酸 $H_2[SiF_6]$ 是一种比硫酸还强的强酸，在溶液中全部电离，这样随着反应的进行，氢离子浓度不断增加，从而不断增加反应速度。但加入氟化铵后，在反应中不能生成六氟络硅酸，而是生成六氟络硅酸铵，使氢离子浓度不会随反应进行而增加。

10.1.3 氮化硅的腐蚀

氢氟酸能在常温下腐蚀氮化硅，腐蚀速度远比腐蚀二氧化硅快（浓氢氟酸对氮化硅膜腐蚀速度为 15nm/min，而对二氧化硅膜的腐蚀速度却大到 50000nm/min）。一般光刻胶不抗浓氢氟酸的腐蚀，缓冲氢氟酸腐蚀液在 38℃下对氮化硅的腐蚀速度一般小于 5nm/min，所以缓冲腐蚀液只适用于腐蚀厚度为几十纳米的氮化硅层。只有软氮化硅层可用氢氟酸的缓冲腐蚀液腐蚀，因为它具有适中的腐蚀速度。

目前生产上普遍应用二氧化硅掩蔽磷酸腐蚀氮化硅。由于热磷酸对氮化硅、二氧化硅和硅的腐蚀速度不同，在 180℃下其腐蚀速度的相对差值很大。180℃的磷酸对氮化硅的腐蚀速度为 10nm/min，对二氧化硅的腐蚀速度为 1nm/min，对硅的腐蚀速度为 0.5nm/min。因此要刻蚀氮化硅，可在氮化硅层上淀积一层二氧化硅，用普通的光刻方法在二氧化硅层上刻出窗口，然后再以此二氧化硅层作光刻腐蚀掩膜，在 180℃下用磷酸腐蚀氮化硅。

注意在敞口的容器中作浓磷酸恒温腐蚀时，随着水分的挥发，磷酸的浓度变大，沸点上升，对氮化硅腐蚀速度会有所变化，为了使腐蚀速度恒定，必须保持磷酸溶液浓度不变。

10.1.4 金属的腐蚀

（1）金属铝膜的腐蚀

在硅平面管和集成电路生产中，普遍用铝膜作为电极引线，因此必须对铝膜进行光刻，把不需要的铝层腐蚀掉，只留下作为引线连接的铝条。腐蚀铝一般用85%磷酸腐蚀液，腐蚀温度为70~80℃。其化学反应式如下：

$$2Al + 6H_3PO_4 = 2Al(H_2PO_4)_3 + 3H_2 \uparrow$$

生成的酸式磷酸铝易溶于水，并有氢气泡不断冒出，铝膜易被溶除干净。在浓磷酸中加入少量的酒精以清除氢气泡，可使反应顺利进行。

如果磷酸腐蚀液使用的时间过长，酸度显著降低，则铝与磷酸反应可能生成难溶性的磷酸铝积淀在硅片表面，阻碍了铝的进一步腐蚀，因此必须及时更换新的磷酸。其反应式为

$$2Al + 2H_3PO_4 = 2AlPO_4 \downarrow + 3H_2 \uparrow$$

此外，金属铝膜还可用电化学方法进行腐蚀。以铂片（或钼片）为阴极，含有铝层的硅片为阳极，电解液为浓磷酸。在外加直流电流作用下，阳极硅片上的金属铝发生氧化反应，金属铝原子失去电子，变为Al^{3+}转入溶液中，并与磷酸作用生成$Al(H_2PO_4)_3$，在阴极铂片上发生还原反应，磷酸电解液中的氢离子获得电子变成氢原子，并结合成氢气形成氢气泡在阴极铂片上析出。其反应式如下：

铝阳极：
$$Al - 3e^- = Al^{3+}$$
$$Al^{3+} + 3H_3PO_4 = Al(H_2PO_4)_3 + 3H^+$$

铂阴极：
$$2H^+ + 2e^- = H_2 \uparrow$$

电解腐蚀铝与磷酸的化学腐蚀不同，氢气泡不是在金属铝膜表面上形成，而是在阴极铂片上形成，从而克服了用磷酸化学腐蚀时，由于铝膜表面被氢气泡覆盖而不能顺利地腐蚀，出现铝斑，致使互连引线短路，造成电路失效的弊端。

(2) 铬的腐蚀

铬的腐蚀方法很多，下面介绍几种常用的方法：

① 酸性硫酸高铈腐蚀

硫酸高铈$[Ce(SO_4)_2]$是一种强氧化剂，在酸性介质（如硝酸）中它能把金属铬氧化为三价铬盐，而使铬溶解，而本身则被还原为硫酸铈，其反应式如下：

$$2Cr + 6Ce(SO_4)_2 \xrightarrow{HNO_3} 3Ce_2(SO_4)_3 + Cr_2(SO_4)_3$$

硫酸高铈（Ⅳ）　　　硫酸铈（Ⅲ）

由于硫酸高铈对光致抗蚀剂的穿透性能差，用它来作铬的腐蚀液，可减少铬版上的针孔。由于铬版复印工艺中常用的正性光致抗蚀剂抗碱性较差，容易出现针孔、钻蚀等，所以常选用酸性腐蚀液。

腐蚀液中加入硝酸，一方面是用来作为介质，另一方面是用来抑制硫酸高铈水解反应，不致有沉淀析出。因为硫酸高铈是强酸弱碱盐，容易发生水解，其反应式如下：

$$Ce(SO_4)_2 + H_2O \rightleftharpoons CeOSO_4 + H_2SO_4$$

$$CeOSO_4 + 3H_2O \rightleftharpoons Ce(OH)_4 \downarrow + H_2SO_4$$

为了抑制水解,不致析出沉淀,配制硫酸高铈腐蚀液时先要加硝酸酸化。

铬版从腐蚀液取出后,应先放在1:10稀硝酸内漂洗,再用水冲洗。如果直接用水冲洗,则有少量氢氧化高铈沉淀析出,附着在铈版上。

② 碱性高锰酸钾腐蚀

在碱性溶液中高锰酸钾对铬的腐蚀反应如下:

$$6KMnO_4 + 2Cr + 8NaOH \rightleftharpoons 3K_2MnO_4 + 3Na_2MnO_4 + 2NaCrO_2 + 4H_2O$$

锰酸盐在强碱性溶液中稳定,当稀释时,便发生自氧化还原反应,析出二氧化锰沉淀。

当溶液内有二氧化锰析出时,如果摇动程度不够,将沉积在铬版上,妨碍腐蚀过程正常进行。线条宽度小、间距窄的图形不宜使用这种腐蚀液。

③ 碱性铁氰化钾腐蚀

在碱性溶液中,铁氰化钾对铬的腐蚀反应如下:

$$12K_3[Fe(CN)_6] + 4Cr + 16NaOH \rightleftharpoons 9K_4[Fe(CN)_6] + 3Na_4[Fe(CN)_6] + 4NaCrO_2 + 8H_2O$$

铬版经腐蚀出图形后,用水浸泡数分钟,然后用丙酮棉擦去残胶。

一般腐蚀液多包含有氧化剂和能溶解氧化物的试剂。氧化剂的作用是将待腐蚀材料表面氧化,溶解试剂的作用是使表面的氧化物溶解。常用的氧化剂有硝酸、过氧化氢、高锰酸钾、硫酸高铈等;常用作溶解试剂的有氢氟酸、硫酸、氢氧化钠、水等。有些腐蚀液中的溶解试剂就是络合剂。对于某一材料的化学腐蚀,选择氧化剂和溶解试剂(或络合剂)主要从材料及其氧化物的性质来考虑。

此外,为使被腐蚀材料表面平整和光亮,有的腐蚀液除了包含氧化剂和溶解试剂(或络合剂)外,还含有缓和剂和附加剂。例如硅的CP_4腐蚀液中,醋酸作为缓和剂,溴是附加剂。缓和剂起控制反应速度的作用,而附加剂一般是氧化剂(如溴等)或还原剂(如碘化钾等),能起加速腐蚀反应的作用。

对化学性质比较活泼的金属可用酸或碱来腐蚀,例如金属铝可用磷酸或氢氧化钠来腐蚀,其腐蚀原理主要是活泼金属铝能与酸、碱发生氧化还原反应,从酸或碱中置换出氢气,而本身转化为相应的酸式磷酸盐或偏铝酸盐。铝与氢氧化钠溶液反应式如下:

$$2Al + 2NaOH + 2H_2O \rightleftharpoons 2NaAlO_2 + 2H_2 \uparrow$$

对二氧化硅的腐蚀一般是采用氢氟酸—氟化铵缓冲腐蚀液。氢氟酸是络合剂,它能溶解二氧化硅,所以腐蚀液中用不着氧化剂,但由于氢氟酸对二氧化硅的溶解速度太快,腐蚀效果不好,而且能损伤抗蚀剂,产生钻蚀或脱胶现象,因此必须加入氟化铵,以减缓氢氟酸的腐蚀速度。

10.2 影响化学腐蚀的因素

(1) 材料和腐蚀剂的性质

化学腐蚀速度的快慢首先取决于被腐蚀材料本身的性质以及腐蚀剂的性质,即化学反应速度有差别的根本原因是反应物本身性质不同。例如，金属铝能很快被磷酸腐蚀，而硅却不能被磷酸腐蚀，这是由铝和硅的本身性质所决定的。除了材料本身性质以外，腐蚀剂的性质对腐蚀速度也有很大的影响。对同一二氧化硅材料的腐蚀，单纯浓氢氟酸的腐蚀速度远远大于氢氟酸-氟化铵缓冲腐蚀液。一般来说，腐蚀液中氧化剂的氧化能力愈强，其腐蚀速度也就愈快。

(2) 腐蚀液的浓度

大量实验表明，在一定的温度下增加反应物的浓度（如腐蚀液的浓度），可增大反应速度。

但是否所有腐蚀反应的腐蚀速度都是随着腐蚀液的浓度增大而加大，对具体反应要作具体分析。由于一般腐蚀反应都包含材料的氧化和氧化物溶解两个过程，因而腐蚀速度也要由氧化和溶解两个过程的速度来确定。例如，用过氧化氢和氢氧化钠混合液腐蚀锗的反应式为

$$Ge + 2H_2O_2 \xrightarrow[\triangle]{NaOH} GeO_2 + 2H_2O$$

$$GeO_2 + 2NaOH = Na_2GeO_3 + H_2O$$

在开始时，腐蚀速度随过氧化氢浓度增大而上升，但到达一定值后，反而随着过氧化氢浓度的增大而下降。这是由于过氧化氢浓度的增大对锗的氧化和二氧化锗的溶解这两个过程所起的作用不同。就过氧化氢对锗的腐蚀而言，当过氧化氢浓度较小时，由于二氧化锗的溶解度大，这时腐蚀速度主要决定氧化作用，应而氧化速度是随着过氧化氢浓度的增加而上升。但是当过氧化氢浓度增加到一定数值时，由于二氧化锗在过氧化氢中溶解度是随过氧化氢浓度的增加而减少，这时溶解过程变为对腐蚀速度起决定性的作用，而氧化过程对腐蚀速度的影响降为次要的地位。因此当过氧化氢浓度达到一定值后，随着过氧化氢浓度的增加，腐蚀速度反而下降。

(3) 腐蚀温度

温度对腐蚀速度的影响是显著的。一般来说，升高温度后腐蚀速度会显著地加快。

此外，材料的表面状况，晶面以及腐蚀液的搅动等对腐蚀速度也都有一定的影响。一般表面比较粗糙的材料，由于表面晶体结构被破坏，晶体表面积增大，有利于腐蚀作用进行，所以表面粗糙的材料腐蚀速度也有所增加。

模块十一 扩散制结化学原理

所谓扩散技术，是为了使半导体的特定区域具有某种导电类型和一定电阻率，而将杂质引入到半导体中的方法。

本章将讨论磷、硼、锑、砷等扩散工艺的化学原理。

11.1 扩散基本理论

11.1.1 扩散杂质的选择

首先必须根据半导体材料的导电类型来选择扩散杂质。例如元素周期表第ⅤA族元素，如磷、砷、锑、铋等可作为锗和硅的施主型杂质，而第ⅢA族元素，如硼、铝、镓、铟等都可作为受主型杂质。若所用的基片是N型的，则必须选择受主型杂质作为基区扩散杂质，施主型杂质为发射区扩散杂质，只有这样才能形成P-N结。

通常用扩散系数来表示杂质在硅中扩散的快慢。扩散系数大的杂质称快扩散杂质，如铜、金等。扩散系数小的称慢扩散杂质。扩散系数与温度有关，对同一种杂质来说，扩散系数一般随温度的升高而增大，如图11-1所示。

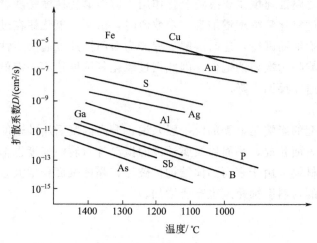

图 11-1 杂质在硅中的扩散系数与温度的关系

发射区杂质的扩散系数要比基区杂质的扩散系数大。这是因为在硅器件生产中，发射区扩散是在基区杂质扩散之后进行的，如果基区杂质的扩散系数比发射区杂质的大，那么发射区扩散对基区扩散的杂质分布和扩散深度就会发生很大的影响。由于砷、锑的扩散系数比硼、镓的扩散系数小，而磷的扩散系数比硼、镓的大，所以在一般情况下，磷可作为发射区的扩散杂质，硼、镓可作为基区扩散杂质。

由于镓、铝在二氧化硅中的扩散系数很大，二氧化硅层不能对镓、铝起掩蔽作用，而硼和磷在二氧化硅中扩散系数很小，二氧化硅对硼、磷能起掩蔽作用，所以在一般太阳能电池片生产中选择硼元素作为基区扩散杂质,磷为发射区扩散杂质。

常用的扩散杂质有硼、磷、锑和砷,这些杂质的源(含有这些杂质原子的某些物质)如表 11-1 所示。

表 11-1 常用扩散杂质源

扩散杂质源名称 \ 状态	硼扩散杂质源	磷扩散杂质源	锑扩散杂质源	砷扩散杂质源
气态	BCl_3 三氯化硼 B_2H_6 乙硼烷	PH_3 磷化氢	SbH_3 锑化氢	AsH_3 砷化氢
液态	$B(OCH_3)_3$ 硼酸三甲酯 $3BBr_3$ 三溴化硼 $B(OC_3H_7)_3$ 硼酸三丙酯	$POCl_3$ 三氯氧磷 PCl_3 三氯化磷	$SbCl_5$ 五氯化锑	$AsCl_3$ 三氯化砷
固态	BN 氮化硼 B_2O_3 三氧化二硼	P_2O_5 五氧化二磷 P_2O_5+CaO 磷钙玻璃	Sb_2O_3 三氯化二锑	As_2O_5 五氧化二砷

表中所列举的杂质源在不同程度上都有毒性,其中以砷源和磷源毒性最大,尤其是砷和磷的气态源有剧毒,又易爆炸,在使用时应采取相应的安全措施。

11.1.2 扩散原理

扩散是由物质分子或者原子热运动引起的一种自然现象,浓度差的存在是产生扩散运动的必要条件,环境温度的高低是决定扩散运动的重要因素。

杂质原子可以占据硅晶格中的替位或者间隙位置,当杂质原子作为一种掺杂原子(如硼、磷、砷)时,它们将会以替位原子的状态存在,能够提供自由电子或者空穴,在高温工艺中,通过扩散,这些杂质原子的深度剖面分布将会发生变化。杂质原子的再分布可以是有意的"推进",也可以是高温氧化,沉积或者退火过程的无意结果。

一个替位原子与空位交换晶格位置,这个过程要求空位的存在。图 11-2 中大圆圈代表占据平衡晶格位置的基质原子,而小圆圈代表掺杂原子。在高温时,晶格原子将会绕着平衡晶格位置振动,此时基质原子有可能获得足够多的能量离开平衡晶格位置而成为填隙原子,同时也产生一个空位。当空位旁的杂质原子占据这个空位时,实现了空位的运动,这种机理成为空位扩散机理。

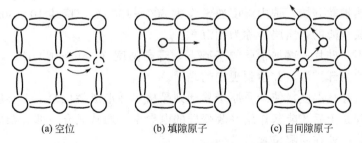

(a) 空位　　　　(b) 填隙原子　　　　(c) 自间隙原子

图 11-2 空位、填隙原子和自间隙原子扩散机理

若一个填隙原子从某位置运动到另一个间隙中而不占据一个晶格位置时,这种机理称为填隙扩散。自间隙扩散来自于硅的自间隙原子碰撞替位杂质原子使之移动到一个间隙位置。然后杂质间隙原子将会碰撞到另一个硅晶格处的原子,使之移动到自间隙的位置,而间隙杂质占据这个晶格位置,这个过程要求存在自间隙硅原子。重要的是占据了替位位置

的掺杂原子（如磷、砷和硼）一旦被激活后，掺杂扩散就与存在的空位和间隙点缺陷紧密相关，并且受到它们的控制。

一个杂质为了能够在硅中扩散，必须在硅原子周围移动或者将硅原子碰撞开。在填隙扩散过程中，扩散原子从一个扩散位置跳跃到另一个具有相比低的势能和相对多的间隙态数量的间隙位置处。自间隙原子扩散要求存在空位或者一个间隙，并且必须要打断晶格键。空位和间隙的形成相对来说是一个高能过程，因此在平衡态时是很少的。晶键的断裂相对来说也是一个高能过程，因此，自间隙原子的扩散速率要低于填隙原子的扩散。空位扩散取决于空位浓度。它是温度的函数，同时还取决于任何非平衡的空位形成或者湮没机理。相反，自间隙扩散取决于硅的自间隙浓度，而这个参数同样取决于温度和非平衡过程。

在单晶硅中，杂质原子占据一个替位还是间隙位置取决于原子是否被晶格限定的周期势能束缚。从一个位置跳跃到另一个位置的概率是随温度呈指数增加的。

热扩散的过程包括三个步骤：预沉积、推进、激活。如图 11-3 所示。

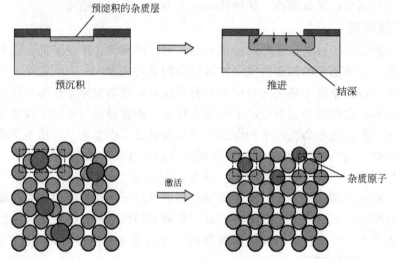

图 11-3　热扩散的机理

预沉积：热扩散开始，炉内温度通常设为 800~1000℃，持续 10~30min，杂质仅进入硅片表面形成很薄的杂质层，称为预沉积。

推进：在不向硅片中增加杂质的基础上，升高温度（1000~1250℃），使沉积的杂质层进一步向硅片内部扩散，并达到规定的结深。

激活：稍微升高温度，使杂质原子移动到晶格中并形成替位原子。杂质原子只有在替代了晶格上的硅原子后才能起作用并改变硅的电导率。通常只有一部分杂质被移动到晶格位置上，大部分还处在间隙位置。

整个扩散工艺过程为：开启扩散炉→清洗硅片→预沉积→推进→激活→测试。

扩散过程基本有两种形式：①化合物先分解成单质（或直接以单质），再以单质的形式向硅中扩散；②经过反应先生成杂质元素的氧化物（或原来就是氧化物），然后氧化物再与硅反应产生二氧化硅和杂质元素向硅中扩散。扩散杂质源有固态源、液态源和气态源。

11.2 磷扩散化学原理

11.2.1 液态源

(1) 三氯氧磷

三氯氧磷（$POCl_3$）是目前磷扩散用得较多的一种杂质源，它是无色透明液体，具有刺激性气味。如果纯度不高则呈红黄色。其相对密度为1.67，熔点2℃，沸点107℃，在潮湿空气中发烟。$POCl_3$ 很容易发生水解，极易挥发，高温下蒸气压很高。为了保持蒸气压的稳定，通常把源瓶放在20℃的恒温箱中。$POCl_3$ 有巨毒，换源时应在抽风厨内进行，不要在尚未倒掉旧源时就用水冲，这样易引起源瓶炸裂。$POCl_3$ 在高温下（>600℃）分解生成五氯化磷（PCl_5）和五氧化二磷（P_2O_5），其反应式如下：

$$5POCl_3 \xrightarrow{600℃以上} 3PCl_5 + P_2O_5$$

生成的 P_2O_5 在扩散温度下与硅反应，生成二氧化硅（SiO_2）和磷原子，其反应式如下：

$$2P_2O_5 + 5Si \xrightarrow{1100℃以上} 5SiO_2 + 4P$$

由上面反应式可以看出，$POCl_3$ 热分解时，如果没有外来的 O_2 参与，其分解是不充分的，生成的 PCl_5 是不易分解的，并且对硅有腐蚀作用，破坏硅片的表面状态。但在有外来 O_2 存在的情况下，PCl_5 会进一步分解成 P_2O_5 并放出氯气（Cl_2），其反应式如下：

$$4PCl_5 + 5O_2 \xrightarrow{1100℃以上} 2P_2O_5 + 10Cl_2$$

生成的 P_2O_5 又进一步与硅作用，生成 SiO_2 和磷原子，由此可见，在磷扩散时，为了促使 $POCl_3$ 充分分解，避免 PCl_5 对硅片表面腐蚀，必须在通氮气的同时通入一定流量的氧气，在有氧气的存在时，$POCl_3$ 热分解的反应式为：

$$4POCl_3 + 3O_2 \xrightarrow{1100℃以上} 2P_2O_5 + 6Cl_2$$

$POCl_3$ 分解产生的 P_2O_5 淀积在硅片表面，P_2O_5 与硅反应生成 SiO_2 和磷原子，并在硅片表面形成一层磷-硅玻璃，然后磷原子再向硅中进行扩散，反应式如前所示：

$$2P_2O_5 + 5Si \xrightarrow{1100℃以上} 5SiO_2 + 4P$$

$POCl_3$ 液态源扩散法具有生产效率较高、P-N结均匀、平整和扩散层表面良好等优点，这对于制作大的结面积的太阳电池是非常重要的。

$POCl_3$ 扩散装置如图11-4所示，源瓶要严加密封，切勿让湿气进入源瓶，因为 $POCl_3$ 易吸水汽而变质，使扩散表面浓度上不去，其反应式如下：

$$2POCl_3 + 3H_2O \Longrightarrow P_2O_5 + 6HCl$$

所以如果发现 $POCl_3$ 出现淡黄色时就不能再用了。

磷扩散的系统应保持清洁干燥，如果石英管内有水汽存在，管内 P_2O_5 会水解生成偏

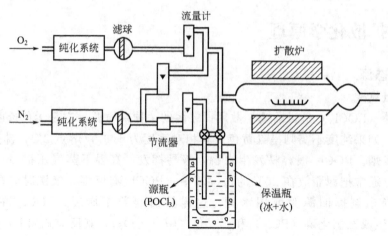

图 11-4 三氯氧磷扩散装置示意图

磷酸（HPO_3），使扩散管炉口内出现白色沉积物和黏滞液体，黏滞液体会在工艺运行至进舟和出舟时滴落在硅片上，造成返工。黏滞液体的吸附性还比较强，会吸附杂质，对扩散管内的洁净度产生影响，因此长时间扩散后对扩散管须定期进行 HF 浸泡清洗。

（2）三氯化磷

三氯化磷（PCl_3）也是一种无色透明的液体，具有强烈刺激性气味，有毒，熔点为 $-112℃$，沸点为 $75.5℃$，相对密度为 1.57。

当将三氯化磷用做扩散杂质源时，应该注意避免与空气接触，这是因为三氯化磷的化学性质不太稳定，在常温下与氧化合生成三氯氧磷，其反应式为：

$$2PCl_3 + O_2 = 2POCl_3$$

三氯化磷遇水很容易发生水解反应，生成亚磷酸和盐酸，在潮湿空气中因水解，有盐酸酸雾形成而发烟，所以要将源瓶密封好，且通过的氢气必须被充分干燥。三氯化磷水解反应式为：

$$PCl_3 + 3H_2O = H_3PO_3 + 3HCl$$

在 1200℃ 下三氯化磷与氢气作用，被还原为磷和氯化氢。工业上用 H_2 把 PCl_3 携带至扩散炉中，反应生成的磷沉积和硅沉积在硅片表面上，磷原子向硅中扩散形成发射区，其反应式为：

$$2PCl_3 + 3H_2 \xrightarrow{1200℃} 2P + 6HCl$$

在外延工艺中，三氯化磷作为外延掺杂源，用氢气携带四氯化硅和三氯化磷的蒸气进入反应管，在高温下发生化学反应，在硅片表面生长一层掺磷杂质的单晶硅。其反应式为：

$$SiCl_4 + 2H_2 \xrightarrow{1200℃} Si + 4HCl \uparrow$$

$$2PCl_3 + 3H_2 \xrightarrow{1200℃} 2P + 6HCl \uparrow$$

11.2.2 气态源

气态磷扩散是在扩散系统内，引入含磷气体（如 P_2H_2），通过高温分解，磷原子扩散到硅片中去，其反应式为：

$$P_2H_2 \Longrightarrow 2P + H_2 \uparrow$$

磷化氢（PH_3）可用作硅烷外延掺杂和掺杂氧化物扩散法的掺杂剂。当用作外延的掺杂剂时，$SiCl_4$ 与 H_2 在外延炉内反应生成 Si，同时 PH_3 热分解生成单质磷。这样硅片表面外延一层单质硅，磷原子也掺在外延层里了，就形成含有磷杂质的外延片。

$$2PH_3 \xrightarrow{450℃以上} 2P + 3H_2 \uparrow$$

磷化氢又称膦或磷烷，是一种无色、有臭鱼味道、易燃、有剧毒的气体，熔点为 $-133℃$，沸点为 $-87℃$，相对密度为 1.15，微溶于冷水，易溶于乙醇和乙醚等有机溶剂。该气体如遇其他含磷的氢化物会引起自燃。可与空气形成爆炸性混合物。当磷化氢燃烧时，它会产生白色烟雾五氧化二磷，吸入后会刺激呼吸道。气态磷化氢在450℃以上发生分解反应，生成磷和氢气。反应式为：

$$PH_3 + 2O_2 \xrightarrow{150℃以下} H_3PO_4$$

$$2PH_3 + 4O_2 \xrightarrow{高温} P_2O_5 + 3H_2O$$

11.2.3 固态源

固态磷扩散是将与硅片具有相同形状的固体磷源材料 $Al(PO_3)_3$，即所谓的磷微晶玻璃片，与硅片紧密相贴，将它们一起放在石英热炉内，在一定温度下，磷源材料表面会生成磷的化合物 P_2O_5，借助于浓度梯度附着在硅片表面，与硅反应生成磷原子及其他化合物，其中磷原子将向硅片内部扩散。在高温下，磷源不断挥发，导致磷原子不断向硅片体内扩散，最终在硅片表面附近的一定深度内，磷原子的浓度超过硼原子的浓度，形成 N型半导体，组成 PN 结。其反应式为

$$Al(PO_3)_3 \Longrightarrow AlPO_4 + P_2O_5$$

固态磷扩散还可以利用丝网印刷、喷涂、旋涂、化学气相沉积等技术，在硅片表面沉积一层硅的化合物，通常是 P_2O_5，然后，在高温下和硅反应，生成单质磷原子，扩散到硅片体内，形成 P-N 结。其反应式为：

$$5Si + 2P_2O_5 \xrightarrow{高温} 5SiO_2 + 4P$$

11.3 硼扩散化学原理

硼扩散几乎完全通过自间隙机理进行。硼在硅中的扩散比磷和砷要快。硼的原子半径为 0.082nm，硅的原子半径为 0.118nm，不匹配比例为 0.75。由于硼和硅之间存在较大

的不匹配比例，因此在扩散过程中产生晶格张力，从而导致位错的形成并且降低扩散速率。硼原子的扩散速率还受到扩散温度和硼原子浓度的影响。

11.3.1 液态源

① 硼酸三甲酯　硼酸三甲酯 $B(OCH_3)_3$ 在室温下是一种无色透明的液体。它的熔点为 $-29.2℃$，沸点为 $67.8℃$。纯的硼酸三甲酯热稳定性好，但其中若含有硼酸，则其热稳定性降低。这种源可以用三氧化二硼或硼酸与甲醇反应而制得。其反应式如下：

$$B_2O_3 + 6CH_3OH =\!=\!= 2B(OCH_3)_3 + 3H_2O$$

上述反应是放热反应，而且反应很激烈。为了制得饱和的硼酸三甲酯，须加入过量的三氧化二硼或硼酸。当溶液中出现有白色沉淀物时，表示反应已达到平衡。

硼酸三甲酯的扩散原理是它在温度高于 $50℃$ 时发生热分解：

$$B(OCH_3)_3 \xrightarrow{500℃以上} B_2O_3 + CO_2\uparrow + H_2O\uparrow + C + \cdots$$

硼酸三甲酯由热分解反应生成的三氧化硼蒸气在高温（$950℃$ 左右）下与硅起反应生成二氧化硅和硼，然后硼在高温下再向硅片内部进行扩散。其反应式如下：

$$2B_2O_3 + 3Si \xrightarrow{950℃} 3SiO_2 + 4B$$

硼酸三甲酯分解产物中的碳原子具有很强的还原性，有腐蚀二氧化硅和石英管的作用。碳量较多时，可能沉积在管壁上，甚至使管壁出现黑色。因此，在扩散过程中，在不影响扩散质量的前提下，应尽量减少氮（携带液态源）的流量和通源时间，以降低分解出的碳量。

② 三溴化硼　三溴化硼（BBr_3）是无色的液体，熔点为 $-46℃$，沸点为 $91℃$，具有较高的蒸气压，它很不稳定，见光能分解而变质（所以源瓶要有黑遮光布罩，以防见光变质）。三溴化硼在高温下发生分解反应，其反应式如下：

$$2BBr_3 \xrightarrow{高温} 2B + 3Br_2\uparrow$$

三溴化硼可作硼扩散源。由于三溴化硼分解产生硼原子的同时还生成对硅片表面有严重腐蚀作用的溴蒸气。所以在扩散过程中通源时一般也要通入少量的氧气，使三溴化硼变为三氧化二硼，同时使硅表面生成很薄一层二氧化硅，以防止硅表面被溴蒸气腐蚀。其反应式如下：

$$4BBr_3 + 3O_2 \xrightarrow{高温} 2B_2O_3 + 6Br_2$$

$$Si + O_2 \xrightarrow{高温} SiO_2$$

三溴化硼也极易发生水解，其反应式如下：

$$BBr_3 + 3H_2O =\!=\!= H_3BO_3 + 3HBr$$

在半导体器件生产中，三溴化硼也可作高浓度 P 型杂质的扩散源，且均匀性好。它不像硼酸三甲酯那样会分解出还原性和腐蚀性很强的碳原子，但是三溴化硼液态源分解出的溴蒸气对硅片有腐蚀作用，而且三溴化硼及其蒸气对所接触的管道材料都具有很强的腐蚀作用。

11.3.2 固态源

氮化硼（BN）是一种新的固态硼源，它可由硼（或三氧化二硼）在氨气中灼热化合而成。它是一种白色粉末状的固体，具有六角形石墨层状的晶体结构，熔点约在3000℃，微溶于水。氮化硼的化学稳定性很高，酸、强碱以及氯等几乎不与它起作用，但与强碱共熔时或在红热时受到水蒸气的作用会缓慢水解而生成三氧化二硼和氨，其反应式如下：

$$2BN + 3H_2O \xrightarrow{100℃} B_2O_3 + 2NH_3 \uparrow$$

氮化硼在高温下与氧作用可生成三氧化二硼和氮气。扩散工艺中的烧源就是利用了这一特性，其反应式如下：

$$4BN + 3O_2 \xrightarrow{950℃} B_2O_3 + 2N_2 \uparrow$$

将高纯的氮化硼棒切成和硅片大小一样的薄片，先在950℃高温下氧化一小时后，即可得到三氧化二硼玻璃透明体。将经过烧源而在表面上生长有三氧化二硼的片状氮化硼和待扩散的硅片相间放在石英舟上，送进扩散炉内，在氮气保护下进行扩散。

由于硅和氧结合力很强，在高温下，硅能使三氧化二硼还原为单质硼，其反应式如下：

$$2B_2O_3 + 3Si \xrightarrow{980℃} 4B + 3SiO_2$$

积淀在硅片表面的硼原子在高温下向硅片内部扩散。氮化硼片表面要有足够数量的B_2O_3，以保证扩散过程有足够高的B_2O_3蒸气压，从而使硅片具有符合要求的表面浓度。一般每隔一星期左右要对氮化硼进行一次活化处理，其方法是在扩散温度下通氧30min，使氮化硼的表面层氧化成三氧化二硼。

烧源后的氮化硼表面是三氧化二硼，极易吸水，所以每次扩散后最好把氮化硼片保存在200~300℃的氮气中，以免三氧化二硼吸水而变质。三氧化二硼易吸水而形成硼酸，其反应式：

$$B_2O_3 + 3H_2O = 2H_3BO_3$$

氮化硼固态源扩散具有简单方便、源稳定、使用周期长、均匀性和重复性较好、成品率高、适合于大批量生产等优点，是目前生产中最广泛使用的一种硼源。

11.3.3 气态源

工业用的硼扩散气态源是乙硼烷（B_2H_6），乙硼烷是无色气体，有臭味，熔点$-165.5℃$，沸点$-92.6℃$，引燃温度38~52℃，易溶于二硫化碳。常温下，乙硼烷分解产生氢气和高等级硼烷。分解速度随温度和浓度的升高而增高，并产生非挥发性硼烷。产生的高等级硼烷对冲击的敏感性高于纯乙硼烷。在超过300℃时，乙硼烷分解为硼和氢气。

乙硼烷的性质不稳定，在空气中能自燃，生成三氧化二硼和水，反应式为

$$B_2H_6 + 3O_2 =\!=\!= B_2O_3 + 3H_2O \uparrow$$

硼扩散工艺正是利用这个反应式进行扩散的。采用惰性气体携带，把乙硼烷稀释到1‰以下，同时通入少量的氧气，在扩散炉中发生氧化反应，生成的三氧化二硼沉积在硅片上，再与硅反应生成单质硼，向硅中扩散，其反应式为

$$2B_2O_3 + 3Si =\!=\!= 4B + 3SiO_2$$

由于乙硼烷遇水易发生反应生成硼酸和氢气，因此使用乙硼烷作为杂质源时，携带气体和氧气都必须充分被干燥，以防止硼酸堵塞管道。其与水的反应式为

$$B_2H_6 + 6H_2O =\!=\!= 2H_3BO_3 \downarrow + 6H_2 \uparrow$$

模块十二 刻蚀工艺化学原理

12.1 光刻

光刻是感光复制图像（照相）和选择性化学腐蚀相结合的综合性技术。光刻时先将光刻版上的图形精确地复印在涂有感光胶的二氧化硅层或金属（如铝、铬以及氧化铁等）层上，然后利用光刻胶的保护作用，对二氧化硅或金属层进行选择性化学腐蚀，从而得到与光刻版相对应的图形。

随着大规模集成电路的发展，电路的图形越来越复杂，尺寸越来越小，要求提高分辨率、精度和减少底模，尤其是要改进光致抗蚀剂的质量和提高制版技术。近年来，制版技术有了不少进展，光刻设备也有很大改进，而且光致抗蚀剂的品种和性能也有不断改进和发展。

抗蚀剂可归纳为两大类：负性抗蚀剂和正性抗蚀剂。负性抗蚀剂在经过曝光后发生聚合反应，使已感光的部分在显影液中不能溶解，而未感光部分则能溶于显影液中。聚乙烯醇肉桂酸酯、聚酯胶、053胶、环化橡胶等都是负性抗蚀剂。正性抗蚀剂与负性抗蚀剂相反，它经过曝光后由于发生光分解反应，使已感光的部分能溶于显影液中，而末感光的部分则不溶于显影液中，205、206等抗蚀剂就是正性抗蚀剂。

光刻工艺一般流程如图12-1所示。

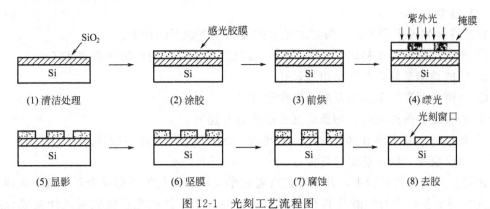

图12-1 光刻工艺流程图

现以聚乙烯醇肉桂酸配光刻胶为例，将光刻工艺的主要过程与注意事项简介如下。

（1）涂胶。在氧化层（或铝层）表面涂上一层 $0.5\sim 1\mu m$ 的光刻胶，要求厚度均匀且无针孔。光刻胶由感光剂、溶剂和增感剂等配制而成。

（2）前烘。涂了胶的硅片，在曝光前要烘干（去掉溶剂），这一过程称前烘，一般放在恒温干燥箱内（或红外灯下）烘烤。温度不能过高（70℃左右），时间不宜过长（15min左右）。烘干的目的，一是使胶膜在曝光过程中能承受和掩膜版的摩擦，二是使膜更紧密地和氧化层接触，增强光刻胶的附着力。

（3）曝光。将掩膜版放在涂有光刻胶的硅片上，用紫外线照射时光刻胶只有一部分感光。受到光照的光刻胶由于发生了光化学反应，出现一些新的性质，如溶解性降低，难溶于有机溶剂中。

（4）显影。把曝光后的硅片放在显影剂丁酮中，这时未感光的光刻胶便被丁酮溶解掉，而感光部分难溶，留在硅片上。

（5）坚膜。显影时感光部分的光刻胶虽未溶，但被显影剂泡软，附着力下降，需在较高温度（150～200℃）下烘烤30min左右。

反刻片是在铝表面上涂有光刻胶，因光刻胶在铝表面上的附着力较强，坚膜时间可短些，一般10min就够了，以免造成铝层的氧化。

（6）腐蚀。将经过坚膜的硅片放在二氧化硅腐蚀液内进行腐蚀。由于留在硅片上难溶的光刻胶有抗蚀性，所以腐蚀液只能将没有光刻胶保护的氧化层去掉。

腐蚀液要保持恒温，一般在30～40℃范围内选一适当温度。腐蚀的时间和氧化层厚度有关，通过试片确定。

对反刻片的腐蚀来说是将铝层去掉。腐蚀铝层一般用浓磷酸（市售浓磷酸的浓度为85%），腐蚀温度控制在80℃左右。腐蚀时间约1min。腐蚀铝的反应为：

$$2Al + 6H_3PO_4 \longrightarrow 2Al(H_2PO_4)_3 + 3H_2 \uparrow$$

生成的酸式磷酸铝溶于水。

（7）去胶。腐蚀后，光刻工艺基本完成，余下的工作是除去留在硅片表面的光刻胶。去胶，一般用浓硫酸煮沸两次，使胶碳化，从而脱落下来。

反刻片去胶可以用发烟硝酸浸泡或用丁酮棉球擦净。近年来用等离子体去胶的方法得到越来越多的采用。

经过上述七个过程，就可以在氧化层（或铝层）上刻蚀出和掩膜版相应的图形。

（8）注意事项。

在半导体器件生产中，一般要求光致抗蚀剂具备如下的性能。

① 光致抗蚀剂对于衬底（SiO_2、Si、Al及其他金属）的粘附性必须良好。

② 抗蚀性能要好，并不易出现针孔。

③ 分辨率要高，刻细线条的清晰度要好。

④ 具有足够的感光度，即能达到合适的感光速度。

⑤ 显影后未曝光部分（负性胶）无残渣，腐蚀后要易于除去胶膜。

⑥ 暗反应小，质量稳定，易储存。

在整个光刻工艺过程中，几乎都包含着化学反应。因此为了提高光刻质量，必须了解光致抗蚀剂中各成分的性能及其在光刻工艺中的作用，例如光致抗蚀剂是什么成分组成的，它具有怎样的结构特点，为什么光致抗蚀剂经曝光后能改变它在显影液中的溶解性能，怎样提高光致抗蚀剂的抗蚀能力和粘附能力等。本模块着重介绍目前广泛使用的负性光致抗蚀剂聚乙烯醇肉桂酸酯的化学性能及其光刻工艺的化学原理，至于其他的负性抗蚀剂以及正性抗蚀剂，由于结构比较复杂，不做详细介绍。

12.2 聚乙烯醇肉桂酸酯光刻胶

聚乙烯醇肉桂酸酯光刻胶是一种负性胶。它由聚乙烯醇肉桂酸酯（感光剂）、5-硝基苊（增感剂）和环己酮（溶剂）三部分组成。光刻胶一般由三部分即感光剂（或称光致抗蚀剂）、增感剂和溶剂组成，也有的还加入适量的抗氧化剂（如对苯二酚），以防止光致抗蚀剂氧化。

(1) 感光剂——聚乙烯醇肉桂酸酯

聚乙烯醇肉桂酸酯是感光胶的主要成分，它起感光剂的作用，具有稳定性高、耐酸碱腐蚀性强、分辨率高以及能粘附 Si、SiO_2、Al、Cr 等许多衬底的优点，同时在刻蚀细线条时具有线条清晰、边缘陡直的特征。聚乙烯醇肉桂酸酯是一种白色或浅黄色纤维状固体。一般用聚乙烯醇与肉桂酰氯在吡啶中合成而得。

聚乙烯醇肉桂酸酯是线型的高分子化合物，它能溶解于苯、甲苯、二氯乙烯、丙酮、丁酮、醋酸、乙二醇、乙醚、氯苯等有机溶剂中。当它受紫外光照射时，线型分子链中的双键（—CH═CH—）被打开，发生加聚反应，线状分子链节间产生交联，从而使线状结构变成了网状结构。

感光后由于分子链会发生光聚合反应，形成网状结构，使抗蚀剂硬化，从而不再溶于有机溶剂，并具有耐酸腐蚀的特性，这就使光刻胶经过曝光后，感光部分不溶于显影液，而未感光部分能溶于显影液。这种光聚合反应又常称为光硬化反应。

聚乙烯醇肉桂酸酯进行光聚合反应所需光照能量是很大的，光照射时间需要几分钟，甚至更长一些。但加入增感剂则可大大加快光聚合反应的速度。

(2) 增感剂——5-硝基苊

5-硝基苊是一种黄色结晶体，熔点为 103℃，分子式为 $C_{12}H_2NO_2$，由于聚乙烯醇肉桂酸酯只对波长在 3300Å 以下的紫外光比较敏感，而对可见光不敏感，因此在光刻光源下不能单纯用聚乙烯醇肉桂酸酯，必须加适量的增感剂。5-硝基苊的作用是增加感光剂的感光波长范围，使之在 2600～4700Å 的波长内都能灵敏感光，另一方面，它还能使聚乙烯醇肉桂酸酯的感光度提高 450 倍，从而使曝光时间大大地缩短。同时 5-硝基苊还具有较好的抗蚀能力。所以，在光刻工艺中 5-硝基苊得到了比较广泛的应用。

聚乙烯醇肉桂酸酯虽然感光度较高，但不加增感剂，要使之发生聚合反应是比较困难的，必须大大增加曝光量才行。在光致抗蚀剂中加入 5-硝基苊的作用是光照后它能产生一种使聚乙烯醇肉桂酸酯分子链中双键迅速打开的游离基，使线型结构迅速地连接成网状结构，从而大大加快聚合反应速度，所以称之为增感剂或光聚引发剂。

在光刻胶中随着 5-硝基苊量的增加，感光能力也逐渐增加，但并不是加入增感剂量越多越好。一般占光致抗蚀剂的 5%～10% 为宜，若加得太多会使光刻胶变脆而减弱了胶的抗蚀能力，而加的量若不足，则会影响增感效果。

(3) 溶剂——环己酮

环己酮分子式为 C_6H_6O，其结构式如下：

环己酮是一种无色油状易挥发的液体，具有薄荷气味，相对密度为 0.951，沸点为 155.7，微溶于水，能较好地溶于酒精。环己酮在光刻胶中是起溶剂作用。因为它能溶解聚乙烯醇肉桂酸酯和 5-硝基苊等有机化合物。根据环己酮用量的不同，可配制各种不同浓度的感光胶,调节感光胶的黏度。环己酮多,胶就稀,得到的胶膜薄,一般情况下薄胶膜其分辨率高但容易产生针孔,而且抗蚀能力较差。环己酮少,胶就稠,会引起胶膜厚度的不均匀,分辨率降低。此外,由于环己酮易挥发,其用量多少还与使用时间长短以及气温高低有关。所以光刻胶的配制要根据具体情况而定。

12.3 光刻工艺的化学原理

(1) 显影

显影就是把曝光后的硅片用显影液除去应去掉的那部分光致抗蚀剂。对常用的聚乙烯醇肉桂酸酯光刻胶,一般用丁酮做显影液。丁酮(CH_8—C—CH_2—CH_8)又叫甲乙酮,是一种无色液体,具有丙酮的特殊气味,沸点为79.6℃,易挥发,易着火,相对密度为0.806。在20℃时,100g水中能溶解37g丁酮。丁酮能与乙醇、乙醚及苯互溶,是一种良好的有机溶剂,它能溶解光致抗蚀剂、油脂以及其他有机化合物,在光刻和铬版复印工艺中用丁酮作显影液,就是利用了丁酮的这一性质。涂有感光胶的硅片经过曝光后放在丁酮显影液中显影,丁酮能够溶解未感光的光致抗蚀剂,而留下已感光的部分,这是因为光致抗蚀剂聚乙烯醇肉桂酸酯经光硬化反应后由线型结构变为网状结构,而不能再溶解在丁酮显影液中,从而可以得到我们所需要的图形。

经显影后,感光部分的胶膜因被显影液软化、膨胀,降低了胶膜与硅片表面的附着力,导致胶膜的耐腐蚀性变差。为了使腐蚀能顺利进行,必须在较高温度(180～200℃)下坚膜30min左右。坚膜的作用是除去膨胀后胶膜中水分和显影液,使图形恢复原尺寸,并使光致抗蚀剂进一步交联(热交联),加强胶膜与硅片表面之间的粘附力,提高抗蚀能力。当坚膜温度不够和时间不足时,胶膜不坚固,腐蚀时易出现脱胶现象。若温度过高,时间过长,则胶膜因热膨胀而产生翘曲和剥落,腐蚀时也容易发生钻蚀或掀膜。如果坚膜温度超过300℃,胶膜便开始分解而丧失抗蚀能力。

(2) 腐蚀

腐蚀是光刻工艺中十分重要的一环,其质量好坏直接影响着光刻图形的完整性、分辨率和精度。通过选择性腐蚀,可以将没有光刻胶保护而裸露出来的二氧化硅膜或金属膜或其他介质膜腐蚀掉,而不损坏硅片表面和经显影保存下来的光刻胶膜。

腐蚀液的选择必须满足下述要求。

① 光刻胶对腐蚀液要有一定的抗蚀能力,这样才能保证将硅片上无光刻胶膜保护的氧化层去净,而有光刻胶膜保护的氧化层依然存在,不受任何损坏。

② 腐蚀液只能对二氧化硅膜、铝膜或铬膜等起腐蚀作用,而对硅或其他材料不应起作用。

③ 腐蚀速度应适当,且保持不变,以便于控制。腐蚀速度若太大,会引起严重的横向腐蚀及破坏光刻胶的掩蔽性能,产生大量针孔,且腐蚀时间不易控制。腐蚀速度若太小,将会使光刻胶在溶液中浸泡的时间过长,变软而被破坏,使图形不完整、不清晰、不准确。

为了增强抗蚀剂与二氧化硅表面的粘附能力,可以采取以下的措施。

① 在700～800℃下,于氮气中将覆盖有二氧化硅的硅片进行热处理。

② 硅片用硝酸洗涤。

③ 扩磷后的硅片，用1%的钼酸铵水溶液煮沸2～3min，然后再涂胶。

④ 二氧化硅表面洁净，无油污，无灰尘，无水气。

⑤ 二氧化硅表面用二甲基二氯硅烷或二乙基二氯硅烷或六甲基硅亚胺等溶液处理，可消除二氧化硅表面的羟基，使二氧化硅表面的硅醇基结构转变成硅氧烷结构，从而改善了抗蚀剂与二氧化硅表面的粘附能力。

(3) 去胶的化学原理

把腐蚀后的硅片表面残留的光刻胶去除干净，叫去胶。去胶时需要注意去净光刻胶后对胶膜下面的二氧化硅、铝膜等无损坏，并对后道工序无不良影响。去胶方法很多，常用的有氧化法去胶、去胶剂去胶及等离子体去胶和紫外光分解去胶等。

① 氧化法去胶　这是利用强氧化剂将光致抗蚀剂进行氧化。常用去胶的氧化剂有浓硫酸、浓硝酸、1号过氧化氢洗液以及浓硫酸和过氧化氢的混合液等。

用浓硫酸煮胶实际上就是使胶膜碳化，然后用纯水冲洗干净。但由于光刻胶被浓硫酸碳化（一般用浓硫酸煮沸二次），产生了大量的炭黑，沾污了片子，所以，工艺中常常用浓硫酸和过氧化氢混合液（$H_2O_2 : H_2SO_4 = 1 : 3$），并加热至100℃左右，光刻胶膜被氧化成二氧化碳和水。这样不仅避免了大量炭黑的产生，而且还可以加速反应。但反刻铝后，覆盖在铝膜上的光刻胶膜，则不能用煮浓硫酸的方法除去。因为铝和二氧化硅性质不同，二氧化硅不和热硫酸发生反应，而金属铝很容易溶解于热硫酸中（但铝不溶于冷浓硫酸中），从而破坏了铝引线。其反应式如下：

$$2Al + 6H_2(浓)SO_4 \xrightarrow{加热} Al_2(SO_4)_3 + 6H_2O + 3SO_2 \uparrow$$

用1号过氧化氢洗液煮胶比用浓硫酸好，去胶后片子干净不会被炭黑所沾污。

用发烟硝酸泡胶的方法是将反刻铝后的光刻胶在发烟硝酸中浸1min，轻轻摇晃去胶，然后迅速用纯水冲洗干净，用丙酮棉擦干。应用此法时，一定要注意硅片表面干燥，若有水分存在就有可能把铝层腐蚀掉，因为稀硝酸与铝起反应。但也要注意浓硝酸会使铝"钝化"。此外，也可以用二甲苯或丙酮浸泡，使胶膜软化，然后再用棉花轻轻将胶膜擦去。

高温氧化去胶可与合金工序同时进行。把待去胶的硅片放入450℃～530℃氧化炉中，通入大量氧气（流量约为3～6L/min），使光刻胶氧化成二氧化碳和水等挥发性氧化物而被废气流带走，十几分钟后胶即去除干净。此法简单、方便，不用任何化学试剂，并能同时进行合金工序，简化了工艺，并避免了铝条的划伤。因而被广泛采用。其缺点是氧化时，胶中残留的杂质可能沾污器件表面，同时反应温度比较高，限制了它的应用。

② 去胶剂去胶　当不能用浓硫酸去胶而用丙酮等去胶又不理想（因用棉花擦去胶膜，容易划伤铝膜）时，可改用去胶剂去胶膜，去胶剂可以使光致抗蚀剂溶胀或溶解而脱落。这种去胶法的最大优点是不损伤图形。

聚乙烯醇肉桂酸酯抗蚀剂也可用三氯乙烯溶剂去胶。因为三氯乙烯对胶膜有溶胀作用，而甲酸、硝酸、硫酸对抗蚀剂有浸透腐蚀作用，对胶膜可进行剥离，因此，如果在三氯乙烯溶剂中加入少量甲酸或硝酸或硫酸，则效果更好。如果再加适量湿润剂，例如，乙二醇和甘油混合物，则溶胀作用更为明显。但它们不易溶于三氯乙烯中；为了克服这一缺点，可加第二助溶剂，如乙二醇乙醚。三氯乙烯去胶剂的配方如下。

乙二醇乙醚：　　　　200ml

乙二醇： 100mL
甲酸： 100mL
三氯乙烯： 600mL

配制时将乙二醇乙醚、乙二醇、甲酸混合后加到三氯乙烯溶剂中，以上溶液不挥发、不燃烧而溶胀作用及去胶能力均很好。

③ 等离子体去胶　等离子体去胶是近几年发展起来的一种新的去胶方法。高度电离的气体称等离子体，其中正离子、负离子和自由电子所带的正、负电荷总数等，对外不显示电性。等离子体去胶是将待除胶的硅片放入石英管内（管外没有产生高频电磁场的装置），然后抽真空，再以 8~30mL/min 的流量送入氧气，氧在高频电磁场作用下，电离成氧离子、氧分子、原子氧（O）、臭氧（O_3）和电子等混合等离子体。其中能量很高的原子氧（或称活化氧）10%~20%，在与光刻胶碰撞时使抗蚀剂中的碳氢键、碳碳键发生断裂，并与原子氧发生氧化反应生成一氧化碳、二氧化碳、水和其他挥发性氧化物。以气体形式被抽走，即达到去胶的目的。

等离子体去胶法同样具有不用任何化学试剂、不加热，对器件结构性不会发生影响，反刻铝膜可避免划伤，同时操作简便、成本低、工效高（每批数十片硅片，只需10min左右即可同时去胶）等优点。所以目前发展很快，是一种适宜大批量生产的较为先进的去胶法。

④ 紫外光分解去胶　强紫外光照射感光过的抗蚀剂，在普通大气压下，加热至250℃，可使胶分解为挥发性气体（如 CO_2 和 H_2O）而被除去，从而获得十分干净无任何含碳物质残渣的半导体表面。聚乙烯醇肉桂酸酯类的抗蚀剂具有分辨率较高、对半导体材料的粘附性好、光敏性较好、不受氧的影响，而且聚乙烯醇肉桂酸酯的"差别溶解度"较大（即曝光部分发生交联产物和未曝光部分的聚乙烯醇肉桂酸酯，在显影液中的溶解度的差别较为悬殊）等优点。它的不足之处是稳定性和耐蚀性较差，针孔较多，且易出现钻蚀等。这是由于聚乙烯醇肉桂酸酯的感光性官能团，以及其感光固化产物的交联部分，都是以酯键与感光性树脂分子的主链相连接的缘故。因为酯键在强酸或强碱作用下容易发生水解而被断开，所以这类光致抗蚀剂不能用强酸或强碱腐蚀。尽管如此，目前在国内外使用的光致抗蚀剂中，聚乙烯醇肉桂酸酯仍占着重要的地位。国内常用的光刻胶除聚乙烯醇肉桂酸酯外，还有聚酯胶、环化橡胶系抗蚀剂、电致剂053和邻重氮醌类正性光致抗蚀剂等。

12.4　其他光致抗蚀剂的介绍

（1）聚酯胶

聚酯胶是目前广泛使用的负性胶，它由光致抗蚀剂聚肉桂亚丙基二酸乙二醇酯、增感剂 5-硝基苊、溶剂环已酮组成。它的配方如下。

聚肉桂亚丙基二酸乙二醇酯（感光剂）： 12g
环已酮（溶剂）： 100mL
5-硝基苊（增感剂）： 0.24g

聚肉桂亚丙基二酸乙二醇酯也是带有支链的线性高分子，能溶于丙酮、丁酮、环已酮、三氯甲烷、吡啶、乙二醇乙醚醋酸酯等有机溶剂。

聚肉桂亚丙基二酸乙二醇酯在紫外线照射下，支链上的碳碳双键打开，互邻的分子相交形成网状结构的体型高分子：

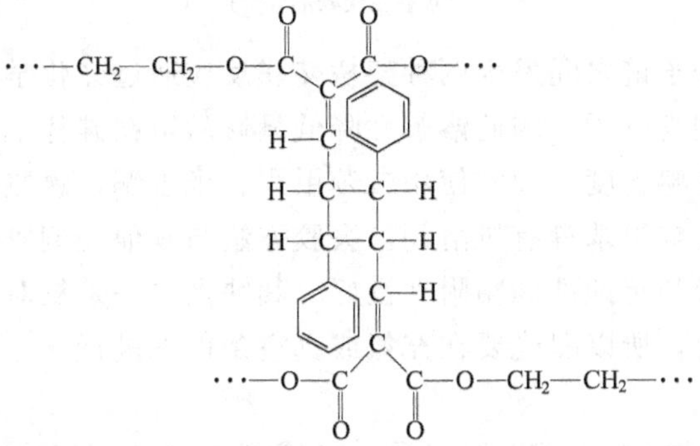

所以曝光后用丁酮显影时，光照部分难以溶解而留在硅片上，且对氢氟酸、磷酸等腐蚀液具有抗蚀性。

聚酯胶分辨率高，可刻小于 $1\mu m$ 的极细线条。聚酯胶使用方法与聚乙烯醇肉桂酸酯刻胶相同。

（2）环化橡胶系光致抗蚀剂

聚乙烯醇肉桂酸酯光致抗蚀剂虽能粘结于硅、二氧化硅、铝、钢等基板上，但质量不很稳定。为了弥补针孔多、感光度较低、粘结力不足等缺点，目前生产中已开始使用环化橡胶类光致抗蚀剂，如 302 胶就是其中一种。

环化橡胶类又称为聚烯类，这类光致抗蚀剂也是负性抗蚀剂。这一类光刻胶是由环化橡胶、交联剂、增感剂和溶剂配制而成。一般的配方如下。

环化橡胶：　　　　　 8%～10%的二甲苯溶液
交联剂：　　　　　　 10%（相对于环化橡胶固体）
增感剂：　　　　　　 5%（相对于环化橡胶固体）

环化橡胶是由橡胶（链状结构）经环化反应得出的带有环状结构的聚烯类化合物链上的环状结构部分。通常用下述两式表示：

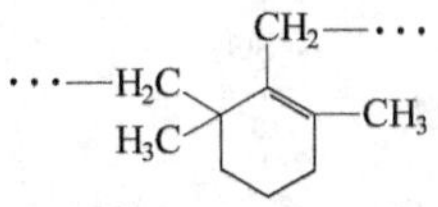

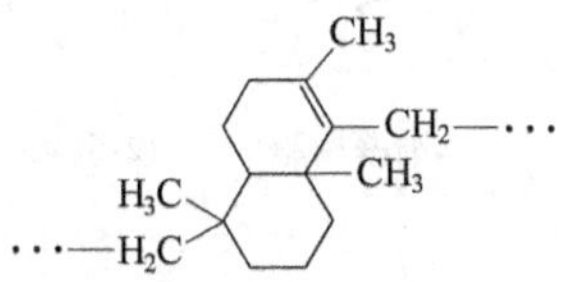

环化橡胶分子需要借助于交联剂，才能在光照下相互交联起来，形成体型高分子。这种交联剂多使用双叠氮有机化合物。例如：

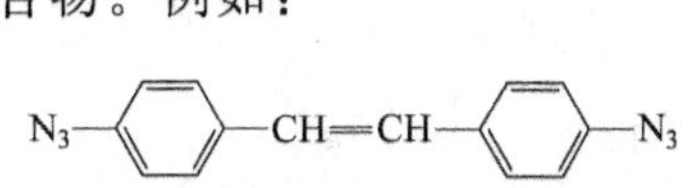

(4,4'-双叠氮二苯基乙烯)

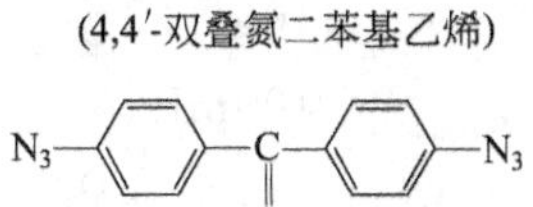

(4,4'-双叠氮二苯甲酮)

曝光时，双叠氮交联剂首先发生光化学分解反应：

$$N_3-R-N_3 \xrightarrow[-N_2]{\text{光能}} \cdot N-R-N_3 \xrightarrow[-N_2]{\text{光能}} \cdot N-R-N\cdot$$

（双叠氮交联剂分子）

进而在环化橡胶分子链之间发生两种架桥交联反应通过光化学架桥交联反应，环化橡胶成为网状结构的体型高分子。因此溶解性降低显影后留在硅片上。环化橡胶类光刻胶也需要加入增感剂以提高感光度。通常使用二苯甲酮、米蚩酮、蒽醌等。这种光刻胶的显影剂可用环己烷、石油醚或甲苯等有机溶剂。去胶方法与其他光刻胶相同。

环化橡胶类光刻胶的抗蚀性和粘附性良好。其缺点之一是氧对交联剂的光化学分解反应使之停留在中间阶段，所以曝光要在充氮或真空条件下进行。

(3) 053胶

053胶由电致抗蚀剂053、溶剂环己酮、增感剂5-硝基范组成。它受电子束作用的部分发生交联而不再溶解于有机溶剂，为负性电致抗蚀剂。这种电致抗蚀剂的一个明显优点是它们对于白光及紫外光是不敏感的，性质比较稳定，因此配胶、甩胶、显影等操作均可在白光下进行，操作方便。053电致抗蚀剂用电子束曝光，具有分辨率高、光敏性强、针孔少等优点，可用于大规模集成电路的电子束曝光光刻中。

(4) 正性光致抗蚀剂

常用的正性光致抗蚀剂都采用2-重氮-1-萘醌-5-磺酰氯为感光剂，其结构式如下：

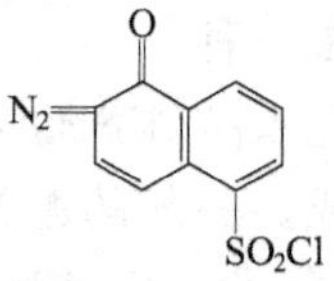

这类正性感光性树脂是由2-重氮-1-萘醌-5-磺酰氯与线性酚醛树脂分子链中的羟基进行缩聚反应而成，其反应如下：

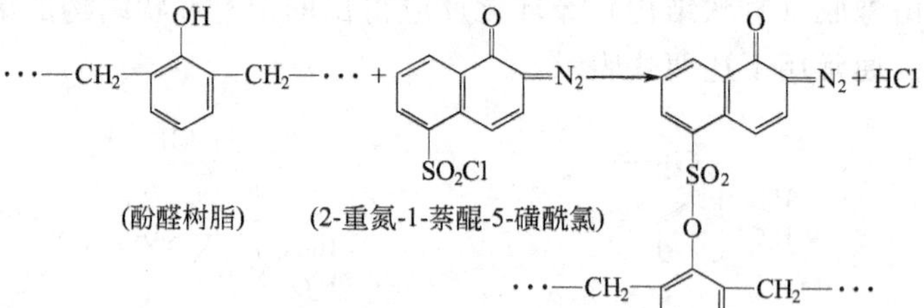

由于掺入了线性酚醛树脂，大大改善了正性胶的成膜性，并增加了涂层的耐磨性。这种正性胶的配方是：

聚酚-2-重氮-1-萘醌-5-磺酸酯：　　　　　10g
线性酚醛树脂：　　　　　　　　　　　　10g
乙二醇单乙醚（溶剂）：　　　　　　　　100mL

这类正性抗蚀剂都含有邻重氮萘醌基团：。邻重氮萘醌化合物在紫外线作

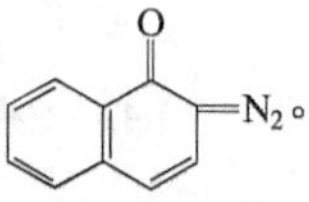

用下发生分解反应，放出氮气，同时分子的结构经过重排形成五元环烯酮化合物。遇水发生水解生成茚基羧酸衍生物。

曝光后，正性抗蚀剂可用稀碱性溶液，如0.8%氢氧化钠溶液或1.5%~3%的磷酸钠溶液显影，这时抗蚀剂曝光部分由于生成羧酸盐而溶解，而未曝光部分不能溶解，从而就能显出正图像。

由于邻重氮醌类正性光致抗蚀剂的抗碱能力较弱，因此在化学腐蚀时一般用酸性腐蚀液，如腐蚀铬时所用的酸性硫酸高铈腐蚀液：

$$Ce(SO_4)_2 : 浓 HNO_3 : H_2O = 1(g) : 1(mL) : 10(mL)$$

在室温下其腐蚀效果良好。

去胶时，只要将硅片沉浸于氢氧化钠和丙酮混合液中，这类光致抗蚀剂就很容易溶解和剥离。

模块十三 表面钝化和镀减反射膜的化学原理

13.1 二氧化硅钝化膜

(1) 二氧化硅薄膜在器件制造工艺中的用途

① 在一定的温度下，各种不同杂质在二氧化硅中的扩散系数是不同的，二氧化硅对扩散系数大的杂质，如镓、铝等，基本上没有掩蔽作用，因此，硅平面工艺一般不用镓、铝作杂质扩散源。而硼、磷、砷、锑等杂质在二氧化硅中的扩散系数远比硅中的小，也就是说，它们在二氧化硅中的扩散速度比在硅中的小得多，所以可以用二氧化硅膜作这些杂质选择扩散的掩蔽膜，使杂质进行定域扩散。而二氧化锗则没有二氧化硅薄膜这种作用，因此常用二氧化硅膜作为锗和砷化镓的掩蔽膜。

② 二氧化硅膜对于器件表面有保护和钝化作用，从而能提高器件的可靠性和稳定性。

③ 二氧化硅具有较高的介电强度，击穿电压高。是一种良好的绝缘体，热氧化生长的二氧化硅膜电阻率约为 $10^{15} \sim 10^{16} \Omega \cdot cm$，因此，二氧化硅膜可作集成电路的隔离介质、铝引线和各种元件之间的绝缘层、大规模集成电路双层布线间的绝缘介质、电容器的介质以及 MOS 场效应晶体管的绝缘栅等。

(2) 二氧化硅的结构

二氧化硅有结晶形态和无定形态两种。二氧化硅晶体是原子晶体，每个硅原子和周围的四个氧原子以共价键相结合，形成一个四面体，如图 13-1 所示。

相邻的四面体通过原子相互连结。图 13-2 为二氧化硅晶体结构示意图。

在无定形二氧化硅内，也存在由 SiO_4 组成的四面体。但这四面体在空间排列是无规则的，如图 13-3 所示。

(3) 制备二氧化硅膜的化学原理

① 热氧化法生长二氧化硅　热氧化法是指硅片与氧或水或其他含氧物质在高温下进行氧化反应而生长二氧化硅膜的方法。常用的热氧化气氛有水蒸气、干氧和湿氧三种。

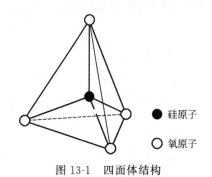

图 13-1　四面体结构

a. 水蒸气氧化。在高温下，水蒸气能和硅发生反应，其反应式如下：

$$Si + 2H_2O_{(汽)} \xrightarrow{900 \sim 1200℃} SiO_2 + 2H_2 \uparrow$$

当硅表面生长一层二氧化硅膜后，氧化硅就阻碍了水蒸气与硅片直接接触，于是水分子扩散通过二氧化硅层的间隙，到达硅—二氧化硅界面，并与硅进一步发生反应，生成新

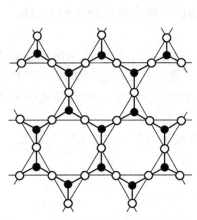
图 13-2 二氧化硅晶体结构示意图

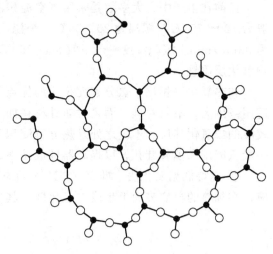
图 13-3 无定形二氧化硅示意图

的二氧化硅，从而使氧化层不断增厚，而反应所产生的氢气就沿着硅——二氧化硅界面散开。

水蒸气氧化的生长速率快，不易控制，氧化层质量不高，容易产生各种缺陷，稳定性不好，对磷扩散的掩蔽能力较差，所以生产中很少采用。

b. 干氧氧化和湿氧氧化。在高温下，氧气能和硅发生反应，其反应式如下：

$$Si+O_2 \xrightarrow{900\sim1250℃} SiO_2$$

当硅表面生成一层二氧化硅膜之后，氧分子只有靠扩散才能通过二氧化硅层而到达二氧化硅——硅的界面，继续与硅反应，生长新的二氧化硅层。但由于氧分子在二氧化硅中的扩散系数远远小于水蒸气（水分子在二氧化硅中的扩散系数比氧分子的扩散系数大千倍以上），所以水蒸气氧化速率比干氧、湿氧氧化速率大。干氧氧化虽然时间长，但所生长的二氧化硅层结构比较致密。

湿氧氧化是将干氧通过水浴（温度为95℃）再进入氧化炉，气流中水汽含量由水浴温度和气体流量决定。

湿氧氧化速率虽较干氧快，但生成的二氧化硅层不如干氧氧化的干燥、均匀、致密。此外，由于硅醇中的羟基是亲水基，易于和物理吸附的水形成氢键。所以湿氧氧化后，氧化层表面总残留一些水分子不易除尽。这种亲水性的表面和疏水的光致抗蚀剂不能很好地黏附，容易产生浮胶现象。为了克服浮胶现象，同时又照顾到氧化速率，生产上通常用干氧——湿氧——干氧的顺序进行氧化，即把湿氧和干氧配合使用，以达到取长补短的效果。

② 热分解淀积二氧化硅　热分解淀积二氧化硅是利用烷氧基硅烷（如正硅酸乙酯）受热分解时，在硅片上淀积一层二氧化硅的方法。在分解反应中，硅片本身不参与形成二氧化硅的反应，只是作为淀积的衬底。最常用的淀积源是四乙氧基硅烷（即正硅酸乙酯）。它的热分解反应式如下：

$$Si(OC_2H_6)_4 \xrightarrow{720\sim750℃} SiO_2+H_2\uparrow+CO\uparrow+CH_4\uparrow+C_2H_6\uparrow+\cdots$$

目前在生产中，大多数是采用真空淀积法。也可用氮气携带淀积。热分解温度范围一般为720~750℃，源温为20~35℃。炉温（淀积温度）为750℃时二氧化硅的淀积速率为33nm/min。沉积温度一般不宜超过750℃，否则由于碳合物的分解而析出碳，从而影响氧化层质量。

和热氧化法相比，热分解淀积法的优点是：淀积温度低，对扩散结深推移的影响小，适用范围大，不仅对硅，而且对非硅材料如金属、陶瓷衬底也可进行淀积，而且可以淀积较厚的二氧化硅层。不足之处是热分解淀积的氧化层结构较疏松，对杂质掩蔽能力较差。一般只能用来填补针孔，以提高器件成品率。

③ 硅烷低温氧化法　硅烷（SiH_4）在较低的温度下（300~450℃）与氧发生氧化反应，在加热的衬底表面上生成二氧化硅。其反应式如下：

$$SiH_4 + 2O_2 \xrightarrow{300℃} SiO_2 + 2H_2O$$

硅烷低温氧化温度一般选在300℃左右。反应中的硅烷必须先用高纯氮稀释到3%（体积比）以下，否则反应不易控制，或者造成硅烷的燃烧或爆炸。因此，操作时必须十分小心。与热氧化法，正硅酸乙酯热分解法相比，硅烷低温氧化淀积二氧化硅法又有以下优点。

一是反应温度低，对衬底的影响更小，不会使衬底中的杂质发生再分布。对于不宜作高温处理，但又需要在表面生长二氧化硅的器件也能适用。因此，特别适合于砷化镓器件的制造。

二是衬底不限于硅片，用其他材料作衬底也可以。

三是在淀积过程中，可以掺入不同的杂质，生长各种硅酸盐玻璃。

四是生长速度易于控制。因为硅烷低温氧化的产物中没有烷氧基硅烷热分解产物中的气态有机物，因而能得到质量较高的二氧化硅膜。

但硅烷低温氧化生长的氧化层质量较差，结构较疏松，掩蔽能力较差。作掩蔽或作钝化层，必须经过增密处理。经处理后，其性质基本上可与热氧化二氧化硅膜相比。

④ 掺氯氧化法　大量的实验表明，在干氧中加入一定数量的含氯物质，如氯气、氯化氢或三氯乙烯等可以获得优质的二氧化硅膜。这就是掺氯氧化法。在掺氯氧化前，先用含10%氯化氢的氧气"清洗"氧化炉管，以降低石英管中钠离子的含量。由于在高温下，氯同石英管中的钠离子或其他金属杂质离子相结合，生成挥发性的金属氯化物，随废气流排走，从而除去这些杂质离子，使二氧化硅层中的可动离子大大降低。

掺氯氧化还能起提高氧化速率的作用，这是由于氧和水分子在含氯化氢的氧化层中的扩散速率比在氧化层中的扩散速率大，同时氯化氢对氧化过程有催化作用，它能增强硅/二氧化硅界面处的反应，此外，氧化速率的增加还和在高温下氯化氢与氧有如下平衡式有关：

$$2HCl + \frac{1}{2}O_2 \rightleftharpoons H_2O + Cl_2$$

水的存在能使氧化过程加速，就像湿氧比干氧的氧化速度要快一样。

用作源的含氯物质有氯气、氯化氢和三氯乙烯等。其中以三氯乙烯（$CHCl=CCl_2$）

为最适宜。三氯乙烯在常温下是液体，沸点是 86.7℃。在室温下，它在携带气体中有适宜的蒸气压。三氯乙烯化学性质稳定，没有腐蚀性，在空气中不燃烧，使用安全。高温下，它能和氧起反应，反应式如下：

$$5CHCl=CCl_2+11O_2=10CO_2\uparrow+7Cl_2\uparrow+HCl\uparrow+2H_2O\uparrow$$

生成物中的氯气和氯化氢可作为氧化时的氯源。

源的流量要适当，流量太小，氧化层中含氧量太少；氯含量太大，则硅表面会被腐蚀。对于 1150℃ 时的氯化氢氧化，$HCl:O_2$（体积比）不宜超过 8%～10%。对氯气氧化，$Cl_2:O_2$（体积比）最好控制在 3% 以下。对三氯乙烯氧化，氧化温度是 1060℃，源温 23℃，最佳流量为 37～42mL/min。

掺氯氧化一般都在干氧、湿氧氧化之后进行，否则效果不好，因为原来结合在二氧化硅膜中的氯将会逸出，特别是水汽氧化影响更大。此外，水汽含量对掺氯影响也很大，如果掺氯氧化气氛中含有水汽，则氯结合不到二氧化硅膜中去。因为在氯化氢催化剂影响下，水汽氧化速率就更大了，并且因为 Si—O 键的链能（464kJ/mol）比 Si—Cl 键能（159.5kJ/mol）大得多，Si—O 键比 Si—Cl 键更为稳定，所以一旦硅与氧形成二氧化硅膜，氯就没有能力再去打破它。所以氯只能在不含水汽的氧气气氛中，在新生长二氧化硅膜的过程中，才能同硅结合，形成 Si—Cl 键。为此，氯化氢系统与湿氧系统应严格分开。

13.2 磷硅玻璃钝化膜

实验发现，二氧化硅钝化膜极易被钠离子沾污，影响器件电学性能，甚至使器件失效。但是，当二氧化硅中吸收磷，形成磷硅玻璃之后，可使器件的性能稳定，因而广泛采用磷硅玻璃作为钝化膜。

磷吸收工艺就是利用磷硅玻璃薄层对钠离子的"提取"和"阻挡"作用，把钠离子"固定"在二氧化硅表面的磷硅玻璃薄层中，从而减弱钠离子对硅表面状态的影响，以提高器件的稳定性和可靠性。用放射性原子示踪法测得钠离子在磷硅玻璃中的溶解度比在二氧化硅中的大三个数量级。

二氧化硅和五氧化二磷可以形成不规则的网状结构物质。这种网状结构是在 SiO 四面体所构成的多元环中掺入了 P_2O_5 的成分。

一般认为磷硅玻璃提取和稳定钠离子的机理是：在磷处理后，五价的磷原子可代替 SiO_2 中的一部分硅原子，形成两种带电中心。一种可能情况是由于磷原子比硅原子多一个价电子，与周围的四个氧原子形成共价键后，可给出多余的一个电子形成带正电荷的 6 中心。另一种可能情况是使磷原子多余的一个电子再和一个氧原子共价结合。由于这个氧原子还有一个未成对电子，从而显示负电性，这时以磷原子为中心的区域可以看成一个带负电荷的 6 中心。这种带负电的氧原子能吸引外来的正离子（如钠离子），并把它固定在网状结构中。在表面钝化技术中广泛采用磷硅玻璃作为钝化膜，正是利用磷硅玻璃的这种作用。它可以阻挡正离子进入硅表面的氧化层，且可提取并封锁氧化层中原有的因沾污而引入的正离子，其中主要是钠离子。使氧化层中钠离子的漂移大大降低，从而使它稳定下来，因此磷硅玻璃具有提取和捕获钠离子的作用。另外，器件表面的铝线也同时得到保护，显著地提高了器件的稳定性、可靠性和成品率。

磷硅玻璃作为钝化膜，也有不足之处，在高温处理时，被捕获的钠离子会再度"释放"出来。此外，随着磷浓度的增高，磷硅玻璃中的五氧化二磷会产生极化现象。当在外电场作用时，五氧化二磷成为极化分子，反而使器件性能不稳定。在一般情况下，当磷硅玻璃中磷的浓度<10^{21} 个/cm^3 时，极化效应可以忽略。同时，含高浓度磷的磷硅玻璃还具有吸潮性，给光刻带来了不利，所以必须把磷的浓度控制在适当范围内。也可在磷酸玻璃上覆盖一层三氧化二铝，以克服磷硅玻璃的吸潮性。或在磷硅玻璃上再生长 2000Å 的二氧化硅来防止水的侵入。因此在实际生产中，往往将磷硅玻璃与其他介质薄膜构成多层介质钝化膜。

磷硅玻璃的钝化效果较好，并且用常规工艺即可制备磷硅玻璃钝化膜，这是氮化硅和氧化铝所不能相比的。

形成磷硅玻璃的方法很多，最常用的方法是将二氧化硅层在 850～900℃下，通三氯氧磷 $POCl_3$，使五氧化二磷扩散到二氧化硅内，经适当时间后在氧化层表面即形成磷硅玻璃。

用三氯氧磷生长磷硅玻璃的反应式如下：

$$4POCl_3 + 3O_2 \xrightarrow{\triangle} 2P_2O_5 + 6Cl_2 \uparrow$$

也可用化学气相淀积的方法获得磷硅玻璃，以氮气携带硅烷和三氯氧磷，通入气相淀积反应室，硅片放在加热到 450℃、能运转的底盘上，在氧气氛下，就可淀积出一定厚度 PSG 钝化膜，其反应式如下：

$$3SiH_4 + 6O_2 + 4POCl_3 \xrightarrow{\triangle} 3SiO_2 \downarrow + 2P_2O_5 + 12HCl \uparrow$$

减小磷硅玻璃厚度比和 P_2O_5 浓度，可使磷硅玻璃的不稳定性降到最低程度，磷硅玻璃对器件的钝化效果是肯定的，目前已广泛用于生产中。

13.3 氮化硅钝化膜

随着对器件的可靠性和稳定性的要求愈来愈高，钝化技术也有了新的发展。目前常采用性能比磷硅玻璃更为优越的氮化硅和氧化铝钝化膜。

（1）氮化硅钝化膜的优点

① 氮化硅具有阻挡钠离子等杂质离子的作用，而且在氮化硅中离子漂移度小。所以采用氮化硅钝化的器件具有较高的稳定性。

② 氮化硅是一种化学稳定性很高的绝缘膜，除氢氟酸和热磷酸能缓慢地腐蚀它以外，其他酸都几乎不与它作用。但熔化状态的强碱对它有较明显的腐蚀作用。

③ 氮化硅膜结构致密，硬度大，疏水性好，针孔密度低，气体和水汽难以透入。

④ 氮化硅不仅能掩蔽二氧化硅所能掩蔽的硼、磷、砷等杂质的扩散，而且还能掩蔽二氧化硅所不能掩蔽的镓、锌、氧等杂质的扩散。

⑤ 氮化硅的介电强度和对同种杂质的掩蔽能力比二氧化二硅强，因而可得到更高的击穿电压和使用更薄的钝化膜，而薄掩蔽层有利于提高光刻质量。

⑥ 在二氧化硅钝化中，通常采用高温热氧化方法。而氮化硅钝化，则通常采用较低温度下化学气相淀积法。因此，钝化温度对器件的影响小。

在实际生产中，往往采用复合介质层的器件结构，MNOS（金属—氧化硅—二氧化硅的半导体）和 MNOS（金属—三氧化二铝—二氧化硅的半导体）结构。

由于硅与氮化硅的膨胀系数不同，所以若淀积的氮化硅厚度大于 $1\mu m$，就容易发生龟裂，为减小或消除界面的应力，往往在氮化硅与硅之间夹一薄层二氧化硅，即采用 MNOS 多层介质结构。

（2）氮化硅薄膜的制备

氮化硅有结晶形和无定形两种，在半导体器件生产中所用的氮化硅薄膜，通常希望具有无定形结构，并且要求结构致密、质地纯净、硬度大、介电强度高、化学稳定性好等。制备氮化硅膜的方法很多，有化学气相淀积法、反应溅射法、辉光放电法。但最常用的是化学气相淀积法，而硅烷与氨以及硅烷与联氨热分解相淀积则是应用最广的。

① 硅烷与氨气相淀积氮化硅膜 以氮气或氢气为携带气体，将硅烷（用氢气稀释，3%）与氨混合，在 750～850℃温度下，即可生成氮化硅（Si_3N_4），其反应式如下：

$$3SiH_4 + 4NH_3 \xrightarrow{750\sim850℃} Si_3N_4 + 12H_2 \uparrow$$

因为这种方法制备氮化硅所需的能量较小，反应容易进行，副产物只有氢，从而能制得较纯净的氮化硅。在制备时，要特别注意硅烷的相对浓度不能太高。据报道，氨的浓度一般为携带气体（H_2）的 1%，硅烷与氢的浓度比为 1:10，若进一步增加硅烷的相对浓度，就会得到含硅的氮化硅膜。硅烷——氨气相淀积氮化硅，反应温度较高，淀积速率较快（在 1000℃淀积速度最大），生长的氮化硅膜较硬。在氢氟酸缓冲溶液中腐蚀速度很慢，腐蚀速度 $<50\times10^{-10}$ m/min（38℃）。一般 1×10^{-7} m 的氮化硅膜就能掩蔽钠离子。

② 硅烷与联氨气相淀积氮化硅膜 以氢气为携带气体，将硅烷与联氨混合，在温度 550～750℃，就能生成氮化硅，其反应式如下：

$$3SiH_4 + 3N_2H_4 \xrightarrow[H_2 \text{携带}]{500\sim750℃} Si_3N_4 + 2NH_3 \uparrow + 9H_2 \uparrow$$

联氨（N_2H_4）又称肼，它是一种具有刺激性臭味的无色液体，它能与水、甲醇、乙醇等以任何比例混溶，但不溶于氯仿及醚。无水肼的相对密度为 1.011，熔点 1.8℃，沸点 113.5℃。肼腐蚀性很强，它能腐蚀橡胶和玻璃等。肼及其衍生物均有毒。

加热到 350℃时，联氨能缓和地分解为 N_2 和 NH_3，其分解反应式如下：

$$3N_2H_4 \xrightarrow{350℃} N_2 + 4NH_3$$

联氨在空气中能冒烟，其蒸气能在空气中燃烧，发出紫色的火焰，其反应式如下：

$$N_2H_4 + O_2 = 2H_2O + N_2 + 149kcal$$

无水肼易吸水形成水合肼（$N_2H_4 \cdot H_2O$）。

肼是一种强还原剂，在水溶液中，它能将碘还原为碘化氢，将银盐和汞盐还原为金属银和汞，肼几乎没有氧化性。

由于联氨和硅烷都易燃易爆，所以在生产过程中要特别注意安全。

用硅烷与联氨气相淀积氮化硅的一个优点是反应温度低，最低可达 550℃，有利于减小反应温度对器件性能的影响。另一优点是硅烷与联氨的反应速度快,因而淀积时间短、工效高。同时生长的氮化硅膜比较软,其中含有少量的二氧化硅,故可用氢氟酸缓冲腐蚀液直接腐蚀。

2×10^{-7}m 的氮化硅薄膜就具有足够的掩蔽能力和钝化作用。目前,氮化硅膜在半导体的表面钝化、掩蔽扩散、集成电路的隔离以及大面积集成电路中的多层布线等均有广泛应用。

13.4 三氧化二铝钝化膜

三氧化二铝是令人注目的另一种新型的钝化膜。它的突出优点是具有良好的抗辐射性能,一定的抗化学腐蚀和抗离子漂移。对钠离子有较良好的阻挡作用(钠离子在 Al_2O_3 膜中的迁移率较低),因而可提高器件的稳定性和可靠性;存在负电荷效应,而二氧化硅则有正电荷,因此如将两者结合,可以使正负电荷相互抵消。同时,氧化铝薄膜克服了二氧化硅的多孔性及离子迁移的可透性,没有磷硅玻璃极化和吸潮现象,却同时具备二氧化硅、磷硅玻璃、氮化硅的一些优点。Al_2O_3、SiO_2 和 Si_3N_4 的性能如表 13-1 所示。

表 13-1 Al_2O_3、SiO_2 和 Si_3N_4 性能对比

材料 性能	SiO_2	Si_3N_4	Al_2O_3
抗辐射能力	差	一般	强
抗离子漂移	差	一般	强
抗离子沾污(Na^+)	差 (4000~5000Å 的 SiO_2,Na^+ 能通行无阻)	一般	强 (500Å 的 Al_2O_3,Na^+ 不能通过)
机械强度	较强	强	强

氧化铝有结晶形和无定形两类,刚玉就是存在于自然界的结晶型态的氧化铝,它的硬度很高,仅次于金刚石和金刚砂(碳化硅)。

结晶型态氧化铝的晶体结构又可分为 α、β、γ、γ′ 四类,而且它们之间在一定的条件下,可相互转化,例如:

$$Al_2O_3\cdot 3H_2O \xrightarrow{150℃} Al_2O_3\cdot 2H_2O \xrightarrow{300℃} \overset{\overset{\gamma'-Al_2O_3}{\downarrow 900℃}}{\gamma} {-\!\!\!-} Al_2O_3 \xrightarrow{1100℃} \alpha {-\!\!\!-} Al_2O_3$$

阳极氧化所生成的氧化铝具有类似于 α-Al_2O_3 的结构。

制备氧化铝膜的方法很多,有化学气相淀积法、阳极氧化法和反应溅射法等。下面着重讨论阳极氧化法和化学气相法淀积氧化铝薄膜的化学原理。

(1) 铝阳极氧化法原理

在半导体器件表面上,经过蒸发淀积铝膜,以光刻制作掩膜,在可溶性电解液中,用阳极氧化方法将互连图形以外的铝彻底转化为透明的多孔型的三氧化二铝绝缘膜。除去光刻胶掩膜后,再根据计算要求,用一般光刻工艺将不需要覆盖钝化膜的压焊点用光刻胶掩

蔽起来，如图13-4所示，然后在非溶性电解液中用阳极氧化法将互连的铝线表面形成一层无孔型三氧化二铝膜。去胶后，硅片表面如图13-5所示。

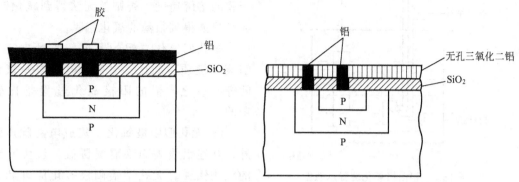

图13-4　蒸铝涂胶后的硅片　　　　　图13-5　无孔型三氧化二铝钝化膜

铝阳极氧化生成的三氧化二铝膜，因所用电解液对铝及三氧化二铝腐蚀或溶解作用的不同，又可分为多孔型和无孔型两类。

① 多孔型阳极氧化　多孔型铝阳极氧化的电解液是含有对铝和三氧化二铝有腐蚀作用或溶解作用的酸，如磷酸溶液（多孔型铝阳极氧化的电解液各组分按体积比的配方为：磷酸∶乙二醇∶丙三醇∶乙醇＝3∶3∶2∶2）。将蒸有铝层的硅片做阳极（接电源正极），铂电极做阴极（接电源负极），接通电源，适当控制温度、电压和电流密度，在两极上发生的反应如下：

$$阴极：2H^+ + 2e^- =\!=\!= H_2\uparrow$$

所以在阴极有氢气析出，随着H在阴极的放电，促使电解液中的水不断电离，OH^-离子浓度不断增加，由于溶液中PO_4^{3-}等酸根离子很难放电，所以在阳极放电的是OH^-离子，生成初生态氧原子[O]，然后氧原子结合成氧分子，故阳极有氧析出。阳极反应为：

$$阳极：4OH^- - 4e^- =\!=\!= 2H_2O + O_2\uparrow$$

原子态的氧化学性质非常活泼，它很容易把阳极的金属铝氧化，生成三氧化二铝，其反应式为：

$$2Al + 3[O] =\!=\!= Al_2O_3$$

铝阳极氧化装置示意图如图13-6所示。

在多孔型铝阳极氧化的电解液中，含有中强酸磷酸。而氧化铝既能溶解在较强的酸中，又能溶解在较强的碱中。所以铝阳极氧化所形成的氧化铝又能溶解于酸性电解液（如H_3PO_4等）中。其反应式如下：

$$Al_2O_3 + 6H_3PO_4 =\!=\!= 2Al(H_2PO_4)_3 + 3H_2O$$

如果电解液经长期使用，磷酸浓度下降到一定程度，还可能发生如下反应：

$$Al_2O_3 + 2H_3PO_4 =\!=\!= 2AlPO_4\downarrow + 3H_2O$$

在多孔型铝阳极氧化过程中，氧化膜的形成过程与膜的溶解过程是同时进行的，即边氧化、边渗透、边溶解，直至全部铝层都氧化，生成多孔的二氧化二铝。由于三氧化二铝

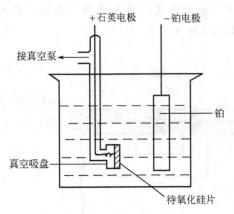

图 13-6 铝阳极氧化装置示意图

同时能溶解于磷酸，因此，电解时必须使氧化膜的电化学形成速度在开始阶段明显地大于膜的溶解速度，否则就无法得到氧化铝膜，或者只能得到很薄的氧化铝膜。

多孔三氧化二铝的厚度与质量决定于电解液的性质、配比、电流、电压以及氧化时间等。总之，铝的阳极氧化过程是比较复杂的。

② 无孔型阳极氧化　集成电路除压焊点外，互连铝线表面都需要覆盖一层无孔致密的氧化铝膜。无孔型铝阳极氧化原理和多孔型铝阳极氧化相同，不同的只是所用的电解液对铝与氧化铝都没有腐蚀（或溶解）作用的酸（如柠檬酸或硼酸）组成的。

电解液的配方如下：

柠檬酸（$C_6H_8O_7 \cdot H_2O$）：纯水：乙醇＝5.2:47.5:47.5（按重量比）

和多孔型铝阳极氧化的原理相同，在电流的作用下阳极铝的表面生成一层氧化铝，它就保护了下面的铝引线不再被进一步氧化。同时电解液中的柠檬酸与乙醇生成了柠檬酸乙酯，因此，电解液对铝与氧化铝就无腐蚀溶解作用，从而在无孔铝阳极氧化过程中，在互连铝线表面形成了一层一定厚度（厚度可由调节氧化时的电压来控制）的致密无孔结构的氧化铝膜。

(2) 化学气相淀积（CVD）法

氧化铝膜的生长方法很多，较常用的化学气相淀积方法有三氯化铝加水分解法和有机铝化合物的热分解法。

① 异丙醇铝热解淀积法　用氦气（或氮气）作携带气体，使之通过125～130℃的熔融状异丙醇铝 $Al(OC_3H_7)_3$，冒泡后的气流与稀释氮气流混合送到射频加热的基片上。在加氧或不加氧的两种情况下进行淀积，即可分解得到三氧化二铝膜。热分解温度通常为425～500℃。其热分解反应式为

$$2Al(OC_3H_7)_3 \xrightarrow{450℃} Al_2O_3 \downarrow + 6CH_3-CH=CH_2 \uparrow + 3H_2O \uparrow$$

该法的淀积温度低，生长的氧化铝膜对钠离子的阻挡能力比在高温下生长的氧化铝膜差得多，但对一般的 MOS 器件也已经够用了，并适合作抗辐射的介质膜。

② 三氯化铝高温水解淀积法　该方法是用在高频反应室内高温水解三氯化铝来得到氧化铝膜的。

其化学反应过程是在高温下使二氧化碳与 H_2 生成水，再用它去水解无水三氯化铝，生成三氧化二铝。

三氯化铝在室温下是固体，在温度130℃升华，结晶无水的三氯化铝蒸气用氢气携带通入反应室（升华器连通管子都必须加热，以免三氯化铝凝结在管壁上）。所需的氢气和二氧化碳经混合后也同时通入反应室。三氯化铝高温水解淀积氧化铝的化学反应基本上分

两步进行，其反应式如下：

$$H_2 + CO_2 \xrightarrow{750℃以上} H_2O\uparrow + CO\uparrow$$

$$2AlCl_3 + 3H_2O \xrightarrow{850℃以上} Al_2O_3\downarrow + 6HCl\uparrow$$

总反应式：

$$3CO_2 + 2AlCl_3 + 3H_2 \xrightarrow{850℃以上} Al_2O_3\downarrow + 3CO\uparrow + 6HCl\uparrow$$

由上述反应可知，只有在射频加热的硅片才有水气形成，从而才有氧化铝膜形成，而在反应管壁上则形成不了。

采用此法能获得优质的氧化铝钝化膜，其抗腐蚀性能较好，在常温下只溶于180℃的热磷酸。该法的缺点是生长温度较高（在850℃左右），因而限制了使用范围。

模块十四 丝网印刷

目前市场上 85% 以上的晶体硅太阳能电池采用丝网印刷技术制作电极，通过丝网印刷设备，将 Ag 浆料印制在太阳能电池前表面氮化硅减反射膜上和背表面，再经过高温烧结工艺形成 Ag-Si 接触电极和 Al 背场。

14.1 丝网印刷的浆料组成

（1）银浆料

Ag 浆料主要包含导电材料、玻璃料、有机粘合剂、有机溶剂（见表 14-1）。

导电材料（占浆料总重的 60%～80%）：主要是由大小为 0.1 至十几微米的银颗粒构成，其中小尺寸的一般为球形颗粒，大尺寸的为片状颗粒，以使浆料具有良好的导电性。

有机溶剂（占浆料总重的 10%～25%）：用于稀释浆料，使浆料具有可印刷性。

有机粘合（最多占浆料总重的 5%），受热前将活性颗粒粘结在一起。

均匀分散的玻璃料（最多占浆料总重的 5%）：主要是氧化物（PbO、B_2O_3、SiO_2 等）粉末，它决定了浆料与硅的粘附性（力学性能）和银颗粒间的粘附性（银栅线的导电性）。它在电极烧结中起到相当重要的作用，决定电池的接触电阻、体电阻和电池的并联电阻。

表 14-1 某典型银浆料的成分表

成分	重量百分比/%	成分	重量百分比/%
银	75.7	CaO	0.2
有机溶剂	20.1	CuO	0.6
玻璃料	100	P_2O_5	4.4
Al_2O_3	14.6	PbO	51.8
B_2O_3	2.1	SiO_2	25.0
MgO	0.6	ZnO	0.8

（2）铝浆料

Al 浆料主要包含金属粉末、有机粘合剂、无机粘合剂和其他添加剂（参见表 14-2）。

金属粉末：Al 含量 65%～85%，导电相。

有机粘合剂：负责烧结前的粘结。

无机粘合剂：负责烧结之后的粘结。

其他添加剂：润滑、流平、增稠、触变等。

表 14-2 某典型铝浆料的成分表

成分	重量百分比/%	成分	重量百分比/%
铝	>70	乙基纤维素	1～5
松油醇	10～30	二乙二醇单丁醚	1～5
二乙二醇二丁醚	10～30	二乙二醇单甲醚	1～5

14.2 丝网印刷制备电极的原理

太阳电池金属电极的制备包括：印刷背银→烘干→印刷背银→烘干→印刷正银→烘干→烧结。

(1) Ag-Si 接触的形成机理

标准烧结工艺需要经过低温、中温、高温、冷却四个阶段。烧结炉低温温度一般在 400℃ 以内，中温温度为 300~700℃，高温温度为 700~900℃。在低温阶段，浆料中的有机溶剂和有机粘合剂被蒸发或被燃烧。在中温阶段，玻璃料开始熔化，Ag 颗粒开始聚合。在高温阶段，Ag、Si 及玻璃料成分发生反应，形成 Ag-Si 接触；冷却时，Ag 粒子在硅片表面结晶生长。高温驱动表面 H 离子向硅片内部扩散。实际在硅片上发生的反应温度远低于烧结炉设定温度，Kyunghae Kim 等人研究表明 Ag 与 Si 的实际最佳反应温度为 605℃，远低于 Ag-Si 共晶点温度 835℃。这可能是由于反应体系中含有多相成分（Ag、Si、Pb、Bi 等）而使合金熔点降低。

Ag-Si 接触的形成可用 Schubert 等人提出的反应模型进行解释，分为四个阶段。

第一阶段：$T<550℃$。这个阶段为预热阶段，在此阶段除将有机物烧掉外，玻璃料也开始软化。玻璃料大约从 550℃ 开始软化。

第二阶段：在高于 550℃ 时，玻璃料的流动性已经足够好，能完全浸润银颗粒和下层的氮化硅。在这个阶段，液态玻璃料协助的银颗粒的致密与粗化大约从 580℃ 开始进行，同时液态玻璃料流动到下层氮化硅薄膜上，开始对氮化硅进行腐蚀，此反应大约发生在 680℃。

对于氮化硅层的腐蚀，有些研究者认为与玻璃料中的氧化铅有关，氧化铅和氮化硅的反应被推测按照下述反应方程式进行：

$$4PbO + 2SiN_x \xrightarrow{685℃} 2SiO_2 + 4Pb +_x N_2 \uparrow$$

通过反应将氮化硅转化成非晶态的氧化硅，生成的氧化硅成为玻璃料中的一部分，这些玻璃料沉积在硅表面使之与银颗粒分隔开。一层 70nm 的氮化硅（密度为 $2.4g/cm^3$）反应后将形成 76nm 的 SiO_2（密度为 $2.2g/cm^3$）。

但是这一反应机理无法应用于 SiO_2 及 TiO_2 等介质膜腐蚀的解释。在烧结过程中对薄氧化硅层的开口被认为依赖于氧化硅和氧化铅的共融。也有研究认为是硼硅玻璃在高温反应下转变为硼酸进而对介质进行了腐蚀。

对介质层的开口需要在高温下进行，在达到 685℃ 之前，玻璃料早已达到转变温度，液体状的玻璃料在氮化硅上具有良好的浸润性，保证了在氮化硅上的均匀铺设，也保证了开口的均匀性。

另外，在此温度区间还会发生对硅的腐蚀。硅被腐蚀的机理还不确定，可能的途径有三种：一是硅与玻璃料中的 PbO 发生反应而被腐蚀；二是硅与银形成硅银合金而被腐蚀；三是硅与被氧化的银发生氧化还原反应而被腐蚀。

硅与PbO的反应已经被证实，Schubert等人详细研究了玻璃料与硅的反应，在没有银颗粒存在的情况下，玻璃料与硅在高温反应（780℃烧结4min）后出现了铅沉淀的存在，在银含量非常低时也能出现铅沉淀。硅与PbO的反应方程式为

$$2PbO + Si \longrightarrow 2Pb + SiO_2$$

Schubert通过研究发现，玻璃料在硅上反应所形成的腐蚀坑不具各向异性，与通常在烧结后发现的硅的各向异性腐蚀不一致，在超过硅银合金共熔点的高温反应后发现银和硅的共熔，硅在各向异性面的溶解速率更快。在降温后在硅表面发现倒金字塔结构，析出的银晶粒沉积在倒金字塔中，但这种反应所需要的温度远高于产业化烧结的温度，因此可以推测，当有玻璃料后，铅的存在降低了反应温度。

玻璃料中的其他金属也可能和硅发生氧化还原反应，如在高温烧结过程中被氧化的银反应过程如下：

$$4Ag + O_2 \longrightarrow 4Ag^+ + 2O^{2-}$$

$$4Ag^+ + 2O^{2-} + Si \longrightarrow 4Ag + SiO_2$$

硅被腐蚀的三种途径在实际反应中可能同时存在，只是根据玻璃料的成分、烧结温度等因素的不同，存在一种主要的腐蚀途径。

第三阶段：700℃＜T＜850℃。此温度范围是烧结工艺的重要点，主要是发生银晶体的生长，对浆料与硅的电学接触具有重要的影响。在硅表面沉积的银晶粒被认为是形成接触及电流传输的唯一通道。银晶粒的生长机理一直被广泛研究，银晶粒生长的可能途径有两个：一是银溶解在玻璃料中，然后被硅还原而析出；二是银与被硅还原的铅在高温下形成液态合金，在降温过程中析出。

一些实验表明，在高温下（800～1000℃），经过长时间的烧结（几个小时）会有1%～4%（相对原子质量）的银溶解。银在玻璃料中的溶解是一个缓慢的过程，但是可能被同时发生的银的氧化还原反应加速，溶解的银被氧化成银离子，银离子和硅反应被还原，以此实现银晶粒在硅表面的生长发生。氧化铅的存在促进了银在硅中的溶解。在第二个途径中，氧化铅（玻璃料）是反应成分，首先和氮化硅层及硅反应，在反应过程中产生铅单质。在烧结过程，Ag和Pb根据Ag-Pb相图成为液态合金。根据相图，铅首先达到熔点变成液态铅，只要液态铅和浆料中的银接触，银就熔化形成液态银铅合金。根据相图，这种合金在800℃包含大约72%（相对分子质量）的银。因此少量的铅即可满足银的合金形成与析出的要求。

第四阶段：在降温过程中，溶解的银析出，沉积在硅表面。实际上在500℃以上已经有大量的银析出，但是玻璃料仍处于熔融状态，在降温过程中，多余的铅再次被氧化并溶解在周围的玻璃料中，或者以沉淀的方式存在于玻璃层中。

玻璃料在Ag-Si接触的形成过程中发挥了关键的作用，它腐蚀穿透SiN_x膜，使Ag颗粒能够与硅发射区发生电学接触。在蒸发和燃烧完有机溶剂物质之后，玻璃料开始熔化，液化和润湿SiN_x表面，继而溶解Ag颗粒和腐蚀掉SiN_x层。玻璃料腐蚀SiN_x层过

程发生的氧化还原反应为：

$$x\text{Si} + 2\text{MO}_{x\text{glass}} \longrightarrow x\text{SiO}_2 + 2\text{M}$$（M 为玻璃料中的金属元素，主要是 Pb）。

烧结完的 Ag 电极里含有较多的 Si 成分，说明玻璃料对 SiN_x 有腐蚀作用。G. Schubert 等人通过 SEM/EDS 分析发现，经烧结后，玻璃料中有 Pb 沉淀产生。B. Sopori 等人研究认为，在低温烘干时，浆料中 Ag 颗粒被小片状玻璃料颗粒分离，而在 450℃时，玻璃料开始熔化并覆盖在 Ag 颗粒表面，在 600℃时，Ag 颗粒被熔融的玻璃料所包围。随着温度的升高，Ag 颗粒分布于熔融的玻璃料中，Ag 颗粒表面和玻璃料发生离子交换，并在 Ag 颗粒表面形成一层 Ag-M-Si 液态相（M 为玻璃料中金属元素）。当玻璃料熔透 SiN_x 层后，开始和硅发射区层接触，并继续发生氧化还原反应。生成的 SiO_2 溶解于玻璃料中，Ag 颗粒在界面处聚集，远离 Si 表面的 Ag 颗粒也相互聚集接触在一起。烧结之后，Ag 颗粒间并不是形成非常紧密的结构，而是多孔结构。可以判断实际形成 Ag-Si 接触的 Ag 成分并不是 Ag 颗粒，而是通过离子交换溶解于玻璃料中的 Ag 原子。在界面处存在 Ag、Pb、Si，可见玻璃料与硅片发生了反应，Ag 在该处沉淀。玻璃料还可以作为阻挡层减少 Ag 扩散进入发射区和 P-N 结区，这样有助于减少结区漏电流。有研究认为，如果没有玻璃料介于 Ag 颗粒和硅之间，在烧结过程中，Ag 原子可以扩散至硅基体 $5\mu\text{m}$ 深度处。

（2）Ag-Al 接触的形成机理

铝背场形成过程：硅表面沉积铝→高温烧结（>577℃）→降温。

具有 P-N 结、表面涂覆铝的晶体硅在高温烧结（>577℃）时，形成含有铝原子的再结晶层（P 层），从而形成 P-P+结。

第一阶段：温度低于 577℃时，硅铝不发生作用，保持原来的固体状态。

第二阶段：温度升至 577℃（硅铝共晶温度）时，在二者交界面处铝原子和硅原子相互扩散，并在交界面处开始形成硅铝共熔体。

第三阶段：随着时间的延长和温度的升高，硅铝熔化速度加快，硅铝共熔体的量增多，硅在合金中的溶解度也增加，因而熔体和固体硅的界面逐渐向硅片内延伸。

第四阶段：降温时，硅原子在熔液中的溶解度下降，多余的硅原子逐渐从熔液中析出，形成含铝原子的再结晶层（P+层）。

14.3 丝网印刷化学品的防护

丝网印刷涉及的化学品包括：银铝浆、铝浆、银浆、松油醇。

（1）银铝浆

危害性：可能导致对眼睛和皮肤黏膜的刺激，吸入会头痛、咳嗽。

个体防护：设备要有良好的通风；须戴乳胶或橡胶手套；避免接触眼睛、皮肤和衣物。

应急措施：若不慎眼睛接触，立即用水冲洗 15min，就医；若不慎皮肤接触，用香皂或者大量的水冲洗。

消防措施：远离热源、火星和明火，发生火灾可用水、泡沫灭火器、二氧化碳灭火器灭火

（2）铝浆

危害性：暂无资料。

个体防护：当有皮肤接触可能时，应戴防护手套；若存在身体接触的可能性，应穿防护服，不允许将污染的防护服带出工作间。

应急措施：若有皮肤接触，立即用清水和肥皂清洗受污染的皮肤，污染的工作服再用前要清洗；眼睛一旦接触，立即用大量清水连续冲洗眼睛至少15min，如果刺激持续，应及时就医。

消防措施：铝浆可燃，若发生火灾，可用干粉或二氧化碳灭火。

（3）银浆

危害性：眼和皮肤接触可引起刺激。

个体防护：穿一般工作服；接触高浓度银浆时可佩戴自动过滤式防毒面具，戴防化学品手套。

应急措施：衣服一旦接触，应立即脱去污染衣服，用大量流动清水和肥皂水或专用洗涤剂冲洗。眼睛一旦接触，用流动清水冲洗15min；如仍感觉刺激，应立即就医。

防护措施：本品可燃，灭火时必须佩戴正压自给式呼吸器，可用二氧化碳、干粉、泡沫灭火器灭火。

（4）松油醇

危害性：吸入皮肤接触及食入都有害。

个体防护：当空气中其浓度过高时，必须佩戴过滤式呼吸器，必要时佩戴空气呼吸器，穿戴防化学品工作服和防化学品手套。

应急措施：一旦皮肤接触，用大量流动清水冲洗；眼睛接触后应立即提起眼睑，用流动清水冲洗至少10min，如仍感觉不适，应就医。

消防措施：本品可燃。可用水、二氧化碳灭火器、泡沫灭火器、干粉灭火器灭火。

（5）二乙二醇二丁醚

危害性：遇明火、高温可燃；与氧化剂可发生反应；其蒸气比空气密度大，能在较低处扩散到相当远的地方，遇火源会着火；若受高热，容器内压增大，有开裂和爆炸的危险；常温下不易蒸发，液体对眼眼有刺激性，对皮肤有轻度刺激性，可引起变异性皮炎，大量接触可经皮肤吸收。

个体防护：空气中浓度超标时，必须佩戴自吸过滤式防毒面具；紧急状态时应该佩戴空气呼吸器；眼睛防护：戴化学安全防护眼镜；身体防护：穿防静电工作服；手防护：戴橡胶手套；其他防护：工作场所禁止吸烟、进食和饮水，饭前要洗手。工作完毕，淋浴更衣。

应急措施：迅速疏散泄漏污染区人员至安全区，并进行隔离，严格限制出入，切断火源。建议应急人员戴自给式呼吸器，穿一般作业工作服；不要直接接触泄漏物，尽可能切断泄漏源，防止流入下水道、排洪沟等限制性空间；小量泄漏时，用砂土、蛭石或其他惰性材料吸收；大量泄漏时，构筑围堤或挖坑收容，用泵转移至槽车或专用收集器内，回收

或运至废物处理场所处置。

皮肤接触：用大量流动清水冲洗。

眼睛接触：若不慎与眼睛接触，请立即用大量清水冲洗并就医。

吸入：脱离现场，至空气新鲜处，保持呼吸道通畅，若呼吸困难应输氧；若呼吸停止，立即进行人工呼吸并就医。

食入：饮足量温水，催吐，就医。

消防措施：消防人员须佩戴防毒面具，穿全身消防服，在上风向灭火；尽可能将容器从火场移至空旷处，喷水冷却，直至灭火结束；处在火场中的容器若已变色，或从安全泄压装置中产生声音，必须马上撤离；灭火剂有雾状水、泡沫、干粉、二氧化碳、砂土。

（6）乙基纤维素

食入：无毒作用。

刺激性：对皮肤有刺激。

致突变性：接触、吸入或食入可致突变。

致畸性：接触、吸入或食入，对生长发育、生殖有害。

（7）二乙二醇单丁醚

危害性：对眼睛角膜有刺激，但不会造成永久损害；对皮肤刺激甚微。

个人防护：着火点、闪点高，但仍要注意防火。对此溶剂过敏者应避免长时间接触。

灭火方法：适用的灭火剂有二氧化碳、化学干粉、酒精泡沫。

应急措施：安全阀已响起或容器因着火而变色时应立即撤离。必须配戴 A 级气密式化学防护衣及空气呼吸器（必要时外加抗闪火铝质外套）。

（8）二乙二醇单甲醚

危害性：无色可燃液体，低毒，遇明火、高温、强氧化剂可燃；燃烧时排放刺激性烟雾。

灭火方法：适用的灭火剂有二氧化碳、化学干粉、酒精泡沫。

模块十五　化学储能电池

电化学储能主要是通过氧化还原化学反应进行能量的存储和释放,这类储能技术运用非常广泛,主要产品有铅酸电池、锂电池、镍镉电池、镍氢电池、钠硫电池、液流电池。电磁储能主要是靠建立磁场或者电场存储电能,主要产品有超导磁储能、超级电容器。机械储能是将电能转换为机械能的形式存储,主要产品有抽水储能、压缩空气储能和飞轮储能。表 15-1 将几种储能技术的特点进行了对比。

表 15-1　几种储能技术特点对比

储能技术分类	储能技术	优势	劣势	主要应用领域
电化学储能	液流电池	循环次数多,能量转换效率高	能量密度低,体积较大	与分布式电源配合、偏远地区供电(主要在国外应用)
	钠硫电池	高的能量和功率密度,能量转换效率高	价格高、国内技术不成熟,需要特殊防护	电力系统储能电站(国外),2011年8月起已经停止使用
	锂离子电池	高的能量和功率密度,能量转换效率高	造价相对较高,大量使用需要安全防护	电力系统储能电站、航空航天、军用领域、电动汽车、电子设备、微电网
	镍氢电池	能量转换效率高	单体容量小	电动汽车、电子设备
	铅酸电池	技术成熟、价格低	使用寿命短	通信系统、电动汽车、微电网
电磁储能	超导储能	使用寿命长、功率密度大	技术不成熟,能量密度低	无
	超级电容器	使用寿命长、功率密度大	能量密度低、单体容量小	军用领域、UPS 不间断供电、轨道交通
机械储能	抽水储能	使用寿命长、储能总容量大	对场地有特殊要求	电力系统调峰调频
	大型压缩空气	使用寿命长、储能容量大	对场地有特殊要求,能量密度低,能量转换效率低	电力系统调峰调频(主要在国外应用)
	微型压缩空气	使用寿命长	能量密度低	微电网、UPS
	飞轮储能	使用寿命长、功率密度大	能量密度低、价格高	UPS 不间断供电

由于风能发电、太阳能发电、海洋能发电等多种新能源发电受到气候和天气影响,发电功率难以保证平稳,而电力系统要求供需一致,电能消耗和发电量相等,一旦平衡遭到破坏,轻则电能质量恶化,造成频率和电压不稳,重则引发停电事故。为了解决这一问题,在风力发电、太阳能光伏发电以及太阳能热发电设备中都配备有储能装置,在电力充沛时,多余电力可以储存起来,在晚上、弱风或者超大风发电机组停运或者停运机组过多,发电量不足的时候释放出来以满足负荷需求。所以储能技术在新能源发电过程中起到了至关重要的应用。

15.1　铅酸蓄电池

(1) 铅酸蓄电池的组成

铅酸蓄电池又称铅酸水电池或者铅酸电池,见图 15-1 和图 15-2。它的电极是由铅和铅的氧化物构成，电解液是硫酸的水溶液。主要优点是电压稳定、价格便宜；缺点是比能低（即每公斤蓄电池存储的电能相对低）、使用寿命短和日常维护频繁。老式普通蓄电池一般寿命在 2 年左右，而且需定期检查电解液的高度并添加蒸馏水。不过随着科技的发展，普通蓄电池的寿命变得更长而且维护也更简单了。

图 15-1　铅酸蓄电池

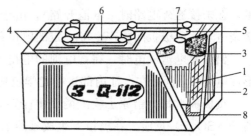

图 15-2　铅酸蓄电池的结构
1—正负极板；2—隔板；3—电解液；4—电池壳、盖；
5—排气栓；6—链条；7—极柱；8—液耐指示器

铅酸蓄电池最明显的特征是其顶部有 6 个可拧开的塑料密封盖，上面还有通气孔，这些密封盖用来加注、检查电解液和排放气体。一般铅酸蓄电池需要在每次保养时检查电解液的高度，如果有减少需添加蒸馏水。随着蓄电池制造技术的发展出现了铅酸免维护蓄电池，蓄电池使用中无需添加电解液或蒸馏水，利用充电和放电达到水分解循环。

① 正负极板　铅酸蓄电池的极板可分为四类：涂膏式极板，管式极板，化成式极板，半化成式极板。涂膏式极板（涂浆式极板）是已涂好活性物质的板栅，由板栅和活性物质构成，板栅的作用是支承活性物质和传导电流，使电流分布均匀，板栅的材料一般采用铅锑合金，免维护电池采用铅钙合金。正极活性物质主要成分为二氧化铅，负极活性物质主要成分为绒状铅。其他三种极板在此不作介绍。

② 隔板　电池隔板用微孔橡胶、颜料玻璃纤维等材料制成，主要作用是防止正负极板短路，使电解液中正负离子顺利通过，阻缓正负极板活性物质的脱落，防止正负极板因震动而损伤。要求隔板孔率高、孔径小、耐酸，不分泌有害杂质，有一定强度，在电解液中电阻小，化学稳定性好。

③ 电解液　电解液是蓄电池的重要组成部分，它的作用是传导电流和参加电化学反应。电解液是由浓硫酸和净化水（去离子水）配制而成的，电解液的纯度和密度对电池容量和寿命有重要影响。

④ 电池壳、盖　电池壳、盖是安装正、负极板和电解液的容器，一般由塑料和橡胶材料制成。

⑤ 排气栓　一般由塑料材料制成，对电池起密封作用，阻止空气进入，防止极板氧化，同时可以将充电时电池内产生的气体排出电池，避免产生危险。使用前必须将排气栓上的盲孔用铁丝刺穿，以保证气体通畅。

蓄电池除上述部件外，还有链条、极柱、液面指示器等零部件。

(2) 铅酸蓄电池化学原理

铅酸蓄电池充电后,正极板中的部分二氧化铅(PbO_2)在硫酸溶液中水分子的作用下,与水反应生成可离解的不稳定物质——$Pb(OH)_2$,其中的氢氧根离子在溶液中,铅离子(Pb^{2+})留在正极板上,故正极板上缺少电子。

铅酸蓄电池充电后,负极板的铅(Pb)与电解液中的硫酸(H_2SO_4)发生反应,变成铅离子(Pb^{2+}),铅离子转移到电解液中,负极板上留下多余的两个电子($2e^-$)。可见,在未接通外电路时(电池开路),由于化学作用,正极板上缺少电子,负极板上出现多余电子,两极板间就产生了一定的电位差,这就是电池的电动势。

铅酸蓄电池放电时,在蓄电池的电位差作用下,负极板上的电子经负载进入正极板,形成电流 I,同时在电池内部进行化学反应。

负极板上每个铅原子放出两个电子后,生成的铅离子(Pb^{2+})与电解液中的硫酸根离子(SO_4^{2-})反应,在极板上生成难溶的硫酸铅($PbSO_4$)。

正极板的铅离子(Pb^{4+})得到来自负极的两个电子($2e^-$)后,变成二价铅离子(Pb^{2+}),与电解液中的硫酸根离子(SO_4^{2-})反应,在极板上生成难溶的硫酸铅($PbSO_4$)。正极板水解出的氧离子(O^{2-})与电解液中的氢离子(H^+)反应,生成稳定物质水。

电解液中存在的硫酸根离子和氢离子在电场力的作用下分别移向电池的正负极,在电池内部形成电流,蓄电池向外持续放电。

放电时,H_2SO_4 浓度不断下降,正负极上的硫酸铅($PbSO_4$)增加,电池内阻增大(硫酸铅不导电),电解液浓度下降,电池电动势降低。

放电时化学反应式为:

正极活性物质	电解液	负极活性物质	正极生成物	电解液生成物	负极生成物
↓	↓	↓	↓	↓	↓
PbO_2 +	$2H_2SO_4$ +	Pb →	$PbSO_4$ +	$2H_2O$ +	$PbSO_4$
氧化铅	稀硫酸	铅	硫酸铅	水	硫酸铅

充电时,外接一直流电源,使正、负极板放电后生成的物质恢复至原来的活性物质,并把外界的电能转变为化学能储存起来。在正极板上,在外界电流的作用下,硫酸铅被离解为二价铅离子(Pb^{2+})和硫酸根负离子(SO_4^{2-}),由于外电源不断从正极吸取电子,正极板附近游离的二价铅离子(Pb^{2+})不断放出两个电子来补充,变成四价铅离子(Pb^{4+}),并与水继续反应,最终在正极极板上生成二氧化铅(PbO_2)。

在负极板上,在外界电流的作用下,硫酸铅被离解为二价铅离子(Pb^{2+})和硫酸根离子(SO_4^{2-}),由于负极不断从外电源获得电子,则负极板附近游离的二价铅离子(Pb^{2+})被中和为铅(Pb),并以绒状铅附在负极板上。

电解液中,正极不断产生游离的氢离子(H^+)和硫酸根离子(SO_4^{2-}),负极不断产生硫酸根离子(SO_4^{2-}),在电场的作用下,氢离子向负极移动,硫酸根离子向正极移动,形成电流。充电后期,在外电流的作用下,溶液中还会发生水的电解反应。

充电时化学反应式为:

```
正极物质      电解液     负极物质        正极生成物      电解液生成物     负极生成物
   ↓           ↓          ↓               ↓              ↓             ↓
 PbSO₄    +  2H₂O   +   PbSO₄    ⟶     PbO₂     +    2H₂SO₄     +    Pb
 硫酸铅        水        硫酸铅           氧化铅          稀硫酸           铅
```

铅酸蓄电池放电时，电解液中的硫酸不断减少，水逐渐增多，溶液比重下降。铅酸蓄电池充电时，电解液中的硫酸不断增多，水逐渐减少，溶液比重上升。

实际工作中，可以根据电解液比重的变化来判断铅酸蓄电池的充电程度。

15.2 锂离子电池

锂离子电池的结构见图 15-3、图 15-4。

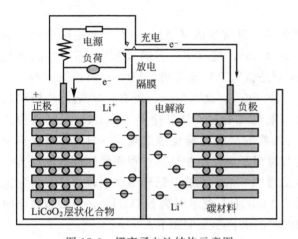

图 15-3 锂离子电池结构示意图

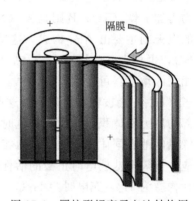

图 15-4 圆柱形锂离子电池结构图

锂离子电池的主要组成部分：

① 电池上下盖；

② 正极——活性物质一般为氧化锂钴；

③ 隔膜——一种特殊的复合膜；

④ 负极——活性物质为碳；

⑤ 有机电解液；

⑥ 电池壳（分为钢壳和铝壳两种）。

锂离子电池一般是采用锂合金金属氧化物作为正极材料，石墨作为负极材料。

充电时，正极上发生的反应为：

$$LiCoO_2 = Li_{(1-x)}CoO_2 + xLi^+ + xe^- \text{（电子）}$$

负极上发生的反应为：

$$6C + xLi^+ + xe^- = Li_xC_6$$

充电时电池总反应：$LiCoO_2 + 6C \rightleftharpoons Li_{(1-x)}CoO_2 + Li_xC_6$

15.3 镍氢电池

镍氢电池是由氢和金属镍合成，其电量储备比镍镉电池平均多30%，而且比镍镉电池更轻，使用寿命也更长，并且对环境无污染。镍氢电池的缺点是价格比镍镉电池要高得多，性能比锂电池要差。

镍氢电池的正极上的活性物质为氢氧化镍（称氧化镍电极），负极活性物质为金属氢化物，也称贮氢合金（电极称贮氢电极），电解液为氢氧化钾。采用活性物质构成电极极片的工艺方式主要有烧结式、拉浆式、泡沫镍式、纤维镍式、嵌渗式等。采用不同工艺制备的电极在容量、大电流放电性能上存在较大差异。一般依据使用条件的不同采用不同的工艺构成电池。民用电池多采用拉浆式负极、泡沫镍式正极。镍氢电池中的"金属"部分实际上是金属氢化物。

从镍氢电池的制造上看，主要分为两大类。最常见的是 AB_5 一类，A 是稀土元素的混合物再加上钛（Ti）；B 则是镍（Ni）、钴（Co）、锰（Mn）、铝（Al）。而一些高容量电池的电极则主要由 AB_2 构成，这里的 A 则是钛（Ti）或者钒（V），B 则是锆（Zr）或镍（Ni），再加上一些铬（Cr）、钴（Co）、铁（Fe）、锰（Mn）。所有这些化合物扮演的都是相同的角色：可逆地形成金属氢化物，电池充电时，氢氧化钾（KOH）电解液中的氢离子（H^+）会被释放出来，由这些化合物将它吸收，避免形成氢气（H_2），以保持电池内部的压力和体积。当电池放电时，这些氢离子会经由相反的过程而回到原来的地方。

镍氢电池和同体积的镍镉电池相比容量增加一倍，充放电循环寿命也较长，并且无记忆效应。镍氢电池放电时正极的活性物质为 NiOOH，充电时为 $Ni(OH)_2$；负极板放电时的活性物质为 H_2，充电时为 H_2O，充放电时的电化学反应如下。

充电时：

阳极反应：$Ni(OH)_2 + OH^- \longrightarrow NiOOH + H_2O + e^-$

阴极反应：$M + H_2O + e^- \longrightarrow MH + OH^-$

总反应：$M + Ni(OH)_2 \longrightarrow MH + NiOOH$

放电时：

正极：$NiOOH + H_2O + e^- \longrightarrow Ni(OH)_2 + OH^-$

负极：$MH + OH^- \longrightarrow M + H_2O + e^-$

总反应：$MH + NiOOH \longrightarrow M + Ni(OH)_2$

上式中，M 为储氢合金，MH 为吸附了氢原子的储氢合金。最常用储氢合金为 $LaNi_5$。

从以上各反应式可以看出，镍氢电池的反应与镍镉电池相似，只是负极充放电过程中生成物不同，从后两个反应式可以看出，镍氢电池也可以做成密封型结构。镍氢电池的电解液多采用 KOH 水溶液，并加入少量的 LiOH。隔膜采用多孔维尼纶无纺布或尼龙无纺布。为了防止充电过程后期电池内压过高，电池中装有防爆装置。

参 考 文 献

[1] 刘文明. 半导体物理. 长春：吉林科学技术出版社，1982.
[2] 刘恩科. 半导体物理学. 北京：电子工业出版社，2008.
[3] 王季陶，刘明登. 半导体材料. 北京：高等教育出版社，1990.
[4] 佘思明. 半导体硅材料科学. 长沙：中南工业大学出版社，1992.
[5] 施敏. 半导体器件物理与工艺. 北京：科学出版社，1998.
[6] 阙端麟，陈修治. 硅材料科学与技术. 杭州：浙江大学出版社，2001.
[7] 材料百科全书编委会. 材料百科全书. 北京：中国大百科全书出版社，1995.
[8] 杨德仁. 半导体硅材料. 北京：机械工业出版社，2005.
[9] 中鸠坚志郎. 半导体工程学. 熊缨译. 北京：科学出版社，2001.
[10] 邓志杰，郑安生. 半导体材料. 北京：化学工业出版社，2004.
[11] 李文郁. 半导体器件化学. 北京：科学出版社，1981.
[12] 胡晨明，R.M.怀特. 太阳电池. 北京：北京大学出版社，1990.
[13] 杨德仁. 太阳电池材料. 北京：化学工业出版社，2007.
[14] 雷永泉，万群，石永康. 新能源材料. 天津：天津大学出版社，2000.
[15] 廖家鼎，徐文娟，牟同升. 光电技术. 杭州：浙江大学出版社，1995.
[16] 陈光华，邓金祥等. 新型电子薄膜材料. 北京：化学工业出版社，2002.
[17] 钟伯强，蒋幼梅，程继键. 非晶硅半导体材料及其应用. 上海：华东化工学院出版社，1991.
[18] 汤会香等. 化工水浴法制备 $CuInS_2$ 薄膜的研究. 上海：上海交通大学出版社，2003.